T0194511

essentials

essentials liefern aktuelles Wissen in konzentrierter Form. Die Essenz dessen, worauf es als „State-of-the-Art" in der gegenwärtigen Fachdiskussion oder in der Praxis ankommt. *essentials* informieren schnell, unkompliziert und verständlich

- als Einführung in ein aktuelles Thema aus Ihrem Fachgebiet
- als Einstieg in ein für Sie noch unbekanntes Themenfeld
- als Einblick, um zum Thema mitreden zu können

Die Bücher in elektronischer und gedruckter Form bringen das Expertenwissen von Springer-Fachautoren kompakt zur Darstellung. Sie sind besonders für die Nutzung als eBook auf Tablet-PCs, eBook-Readern und Smartphones geeignet. *essentials:* Wissensbausteine aus den Wirtschafts-, Sozial- und Geisteswissenschaften, aus Technik und Naturwissenschaften sowie aus Medizin, Psychologie und Gesundheitsberufen. Von renommierten Autoren aller Springer-Verlagsmarken.

Weitere Bände in der Reihe http://www.springer.com/series/13088

Simone Lechthaler

Makroplastik in der Umwelt

Betrachtung terrestrischer und aquatischer Bereiche

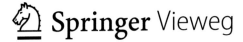

Simone Lechthaler
IWW – Institut für Wasserbau und
Wasserwirtschaft, RWTH Aachen
University, Aachen, Deutschland

ISSN 2197-6708   ISSN 2197-6716   (electronic)
essentials
ISBN 978-3-658-30336-5   ISBN 978-3-658-30337-2   (eBook)
https://doi.org/10.1007/978-3-658-30337-2

Die Deutsche Nationalbibliothek verzeichnet diese Publikation in der Deutschen Nationalbiblio-
grafie; detaillierte bibliografische Daten sind im Internet über http://dnb.d-nb.de abrufbar.

Planung/Lektorat: Daniel Froehlich
Springer Vieweg ist ein Imprint der eingetragenen Gesellschaft Springer Fachmedien Wiesbaden
GmbH und ist ein Teil von Springer Nature.
Die Anschrift der Gesellschaft ist: Abraham-Lincoln-Str. 46, 65189 Wiesbaden, Germany

Was Sie in diesem *essential* finden können

- Eine Darstellung des Lebenszyklus von Makroplastik in der Umwelt – von der Entstehung über den Eintrag bis hin zur Ablagerung
- Ergebnisse und Standpunkte der Forschung zum Thema Makroplastik
- Eine genaue Betrachtung von Makroplastik, das in terrestrischen und aquatischen Bereichen weltweit akkumuliert
- Eine Abgrenzung und Definition von Makro- zu Mikroplastik

Danksagung

Ich danke der Graduiertenförderung der RWTH Aachen University für die Unterstützung der Promotion und Herrn Professor Schüttrumpf sowie Herrn Privatdozent Stauch für die fachliche Beratung. Darüber hinaus möchte ich mich bei Herrn Doktor Fröhlich für die Möglichkeit zur Veröffentlichung dieses Buches bedanken.

Simone Lechthaler

Inhaltsverzeichnis

Über die Autorin

Simone Lechthaler, M.Sc. RWTH, lechthaler@iww.rwth-aachen.de
Institut für Wasserbau und Wasserwirtschaft der RWTH Aachen University, Mies-van-der-Rohe-Str. 17, 52074, Aachen, Institutswebsite: www.iww.rwth-aachen.de
Lehrstuhl für Physische Geographie und Geoökologie der RWTH Aachen University, Wüllnerstraße 5b, 52062 Aachen, Institutswebsite: www.pgg.rwth-aachen.de

Abkürzungsverzeichnis

Abkürzung	Bezeichnung
a	Jahr
AbfRRL	Abfallrahmenrichtlinie
ABS	Acrylnitril-Butadien-Styrol
AC	Acryl
ADC	Azodicarbonsäurediamid
CA	Celluloseacetat
cm	Zentimeter
cm^3	Kubikzentimeter
DepV	Deponieverordnung
EBS	Ersatzbrennstoff
EC	*European Commission,* Europäische Kommission
EG	Europäische Gemeinschaft
EPS	Expandiertes Polystyrol
et al.	Und andere
EU	Europäische Union
g	Gramm
HELCOM	*Baltic Marine Environment Protection Commission,* Kommission zum Schutz der Meeresumwelt der Ostsee
kg	Kilogramm
KrWG	Kreislaufwirtschaftsgesetz
m	Meter
m^3	Kubikmeter
mm	Millimeter
MaP	Makroplastik

MARPOL	*International Convention for the Prevention of Marine Pollution from Ships*, Internationales Übereinkommen zur Vermeidung der Meeresverschmutzung durch Schiffe
MBA	Mechanisch-biologische Abfallbehandlungsanlage
Mio.	Millionen
MJ	Megajoule
MSFD	*Marine Strategy Framework Directive*, Meeresstrategie-Rahmenrichtlinie
MVA	Müllverbrennungsanlage
n	Anzahl
OECD	*Organization for Economic Cooperation and Development*, Organisation für wirtschaftliche Zusammenarbeit und Entwicklung
OSPAR	*Convention for the Protection of the Marine Environment of the North-East Atlantic*, Übereinkommen zum Schutz der marinen Umwelt des Nordostatlantiks
PA	Polyamid
PAK	Polyzyklische aromatische Kohlenwasserstoffe
PBT	Polybutylenterephthalat
PC	Polycarbonat
PCB	Polychlorierte Biphenyle
PE	Polyethylen
PE-HD	Polyethylen höherer Dichte *(high density)*
PE-LD	Polyethylen niedrigerer Dichte *(low density)*
PET	Polyethylenterephthalat
PMMA	Polymethylmethacrylat
PO	Polyolefine
POPs	*Persistent organic pollutants*, persistente organische Schadstoffe
PP	Polypropylen
PS	Polystyrol
PTFE	Polytetrafluorethylen
PU	Polyurethan
PVC	Polyvinylchlorid
t	Tonnen
TOC	*Total organic carbon*, gesamter organischer Kohlenstoff
UN	*United Nations*, Vereinte Nationen
UNEA	*United Nations Environment Assembly*, Umweltversammlung der Vereinten Nationen
UNEP	*United Nations Environment Programme*, Umweltprogramm der Vereinten Nationen

Einleitung

Plastic age – eine Bezeichnung, die häufig für unser aktuelles Zeitalter verwendet wird. Kunststoffe *(plastics)* prägen unseren Alltag und finden in allen Bereichen des Lebens durch ihre zahlreichen Materialvorteile Verwendung (Fok et al. 2019; Thompson et al. 2009). Jeden Tag nehmen wir zahlreiche Kunststoffe zur Hand – doch was macht diesen Werkstoff so besonders?

Die Eigenschaften von Kunststoffen können innerhalb der Produktion eingestellt werden, weshalb eine genaue Anpassung an die Produktanforderungen erfolgt. Generelle Materialvorteile von Kunststoffen sind Leichtigkeit, Stabilität und Verformbarkeit (Hopmann und Michaeli 2017). Kunststoffe leisten somit weltweit einen entscheidenden Beitrag zur Entwicklung neuer Standards, wie beispielsweise durch Hygieneeinhaltung im medizinischen Bereich oder bei der Verpackung von Lebensmitteln und Trinkwasser (Andrady und Neal 2009). Die Einzigartigkeit des Werkstoffs macht ihn zum weitverbreitetsten Material weltweit (Millet et al. 2018). Warum ist es nun wichtig sich trotz der genannten Vorteile mit der Thematik von Kunststoffen auseinanderzusetzen?

Eine Problematik ergibt sich nicht durch den Werkstoff *Kunststoff* an sich, sondern setzt bei einem Eintrag in die Umwelt durch die nicht sachgemäße Entsorgung ein. Mit dem Eintrag akkumulieren sich dort Kunststoffe aller Größenfraktionen aufgrund der Persistenz, der Langlebigkeit des Materials (Barnes et al. 2009). Studien zum mikrobiellen Abbau von Kunststoffen (Yoshida et al. 2016) und ihren Zusatzstoffen (Additiven) (Suleiman et al. 2019) haben die Reichweite in Bezug auf die Kunststoffmengen in der Umwelt noch nicht ausreichend untersucht. Daher wird angenommen, dass sich alle Kunststoffe, die produziert und nicht energetisch verwertet wurden, noch in der Umwelt befinden (Barnes et al. 2009; Geyer et al. 2017). Akkumulationsbereiche sind bereits weltweit nachgewiesen, finale Senken in der Umwelt sind jedoch noch nicht hinreichend untersucht. Aufgrund von negativen Bilanzen bei der Betrachtung von Umwelteintrag und Detektion (Thompson et al. 2004; Woodall et al. 2014) ist die Findung finaler Senken zukünftig besonders wichtig, um den gesamten Prozess von Kunststoffen in der Umwelt zu verstehen.

Kunststoffe in der Umwelt haben bereits eine breite und vielseitige mediale Aufmerksamkeit erhalten. Innerhalb des Umweltschutzes ist der Werkstoff Kunststoff mittlerweile eines der wichtigsten Themen und beschäftigt aufgrund zahlreicher Debatten auch die Politik. Die Aufmerksamkeit hat sich von der Forschung zu Bürgern und Initiativen bis hin zur Politik entwickelt, was maßgeblich durch Bilder von Müllstrudeln in den Ozeanen, Abfallakkumulation an paradiesischen Stränden, Verendung von Tieren durch Kunststoffe oder Menschen in Bergen von Abfällen erreicht wurde. Gerade deshalb ist eine Gesamtbetrachtung von Produktion, Verwendung und Entsorgung wichtig, um sich ein übergreifendes Bild vom Werkstoff Kunststoff und seiner Rolle beim Umwelteintrag zu machen. Dieses Buch bietet eine Einleitung in die Thematik mit dem Fokus auf größeren Kunststoffen, sogenanntem *Makroplastik*.

Makroplastik *(macroplastic)* umfasst Kunststoffe mit einem Durchmesser ≥ 5 mm und somit die Größenfraktion, die nicht zu Mikroplastik *(microplastic)* mit einem Durchmesser < 5 mm zu zählen ist. Seit den ersten Forschungsarbeiten zu Mikroplastik, dessen Bezeichnung sich seit 2004 etabliert hat (Thompson et al. 2004) und in 2009 mit einer ersten Größeneinteilung definiert wurde (Arthur et al. 2009), wurde die Thematik des allgemeinen Auftretens von Kunststoffen in der Umwelt immer präsenter. Dabei lässt sich Mikroplastik in primäres und sekundäres Mikroplastik unterteilen. Primäres Mikroplastik wird industriell in dieser Größeneinteilung zur Nutzung hergestellt, während sekundäres Mikroplastik aus der Degradation und Fragmentierung größerer Kunststoffe entsteht (Cole et al. 2011). Der Eintrag von Makroplastik in die Umwelt fördert somit die Entstehung von sekundärem Mikroplastik (Duis und Coors 2016). Mit dem Fokus auf Mikroplastik werden Partikel, die im Durchmesser größer oder gleich 5 mm sind, häufig nicht genauer berücksichtigt.

Dieses *essential* zeigt daher erstmalig den Lebenszyklus von Makroplastik mit dem Fokus auf terrestrischen und aquatischen Bereichen und vermittelt Grundlagenwissen zum Thema Makroplastik. Die Größenordnung ist somit ergänzend zu den Veröffentlichungen zu *Mikroplastik* (Waldschläger 2019) und *Nanopartikeln* (Delay 2015) zu sehen.

Historie und Begriffsdefinition

Kunststoffe sind synthetische Makromoleküle, die aus makromolekularen Verbindungen gleicher oder verschiedener Monomere bestehen, die synthetisch oder durch Naturproduktumwandlung hergestellt werden (Hopmann und Michaeli 2017). Sie besitzen aufgrund der hohen wirtschaftlichen und technologischen Bedeutung weltweit gesehen ein größeres Produktionsvolumen als Rohstahl und Aluminium (Saechtling 2013), wie Abb. 2.1 für das Jahr 2010 zeigt. Zur Polymerherstellung werden Erdgas und Erdöl verwendet, wovon Erdöl die wichtigste Rohstoffbasis darstellt. Die Nutzungsanteile von Erdöl sind ebenfalls in Abb. 2.1 dargestellt, wovon lediglich 4 % auf die Kunststoffproduktion entfallen (Menges et al. 2011).

Die Werkstoffgruppe der Kunststoffe lässt sich in Thermoplaste, Elastomere und Duroplaste unterteilen. Thermoplaste zeichnen sich dadurch aus, dass sie wiederholt aufgeschmolzen werden können sowie quellbar und löslich sind. Elastomere hingegen sind eingeschränkt beweglich und weder löslich noch schmelzbar, jedoch quellbar. Charakteristisch für Duroplaste sind Temperaturbeständigkeit und thermische Zersetzung statt Schmelzung (Hopmann und Michaeli 2017).

Der erste Kunststoff wurde 1862 von Alexander Parkes entdeckt, dabei handelte es sich um Zelluloid. Mit dem Molekular-Konzept, das 1922 von Herman Staudinger entwickelt wurde, war die Grundlage für die Erzeugung von Makromolekülen und somit Polymeren gelegt. 1927 wurde zum ersten Mal ein Kunststoff, Polyvinylchlorid (PVC), plastifiziert und damit ein formbares Material geschaffen, das nachfolgend unter anderem für Bodenbeläge und elektrische Isolierungen verwendet wurde. Bereits drei Jahre später begann die gewerbliche Herstellung von Polystyrol (PS). Kurz darauf wurde die Bandbreite der Kunststoffe um die Entwicklung von Plexiglas™ durch Otto Röhm 1933 und

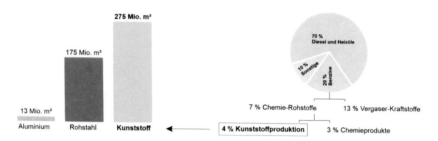

Abb. 2.1 Produktionsvolumen weltweit von Aluminium, Rohstahl und Kunststoff in 2010 (links, nach Saechtling 2013) und Nutzungsanteile von Erdöl (rechts, nach Menges et al. 2011)

das Synthetisieren von Nylon™ (Polyamid, PA) 1935 durch Wallace Carothers erweitert. Insgesamt gibt es seit den 1930er Jahren eine industrielle Kunststoffproduktion (Hopmann und Michaeli 2017). Genauer datiert wird die industrielle Kunststoffherstellung durch die Produktion von Perlon 1939 (Probst und Fischer 2019).

Während des zweiten Weltkrieges wurden Kunststoffe vermehrt für die militärische Versorgung verwendet. Ab 1950, dem Beginn der *Massenproduktion* von Kunststoffen (Barnes et al. 2009), nahm die Nutzung von Kunststoffen in privaten Bereichen stark zu, wie beispielsweise für Einrichtungsgegenstände oder Bekleidung, und fand ab den 1960er Jahren erheblichen Anklang in der Modebranche. Seit den 1970er Jahren ist Kunststoff der weltweit am meisten verwendete Werkstoff und ersetze den Werkstoff Metall vor allem innerhalb von Technologieentwicklungen. Durch die Verwendung von Kunststoffen im Gesundheitswesen konnte in dieser Zeit ein neuer Hygienestandard gesetzt werden (Millet et al. 2018). Bereits 1971 wurde eine erste Publikation zu Kunststoffverpackungen und Umwelteffekten veröffentlicht. Dort wurde vor allem auf den Anstieg von Kunststoff als Verpackungsmaterial hingewiesen und das Recycling solcher Verpackungen gefordert. Weiterhin wurde auf die Nutzung von Kunststoffen bei einer energetischen Verwertung verwiesen, die einer Deponierung gegenübersteht, und auf die Entsorgung von festen Abfallstoffen auf offener See (Thomka 1971). Nach der ersten Erdölkrise 1973 erfolgte mit der zweiten Erdölkrise 1982 die Forderung der Gesellschaft nach Ressourcenschonung und Kunststoffrecycling innerhalb von Kampagnen gegen Kunststoffe, da Kunststoffverpackungen durch illegale Mülldeponien die Umwelt verschmutzten (Menges et al. 2011).

Seit den 1980er Jahren wurde durch den Anstieg globaler Kommunikation Kunststoff als Ausgangsmaterial für Computer, Glasfaserkabel oder Mobiltelefone genutzt. Innerhalb des Transportsektors stieg die Nachfrage ebenfalls, da Kunststoffe in Autos und für Flugzeuge verwendet wurden. Darüber hinaus wurden Kunststoffe immer mehr für die Verpackung und den Transport von Lebensmitteln verwendet. Ab den 1990er Jahren wurde die Nutzung von Kunststoffverpackungen zur Verlängerung der Lebensmittelhaltbarkeit und zur Vergrößerung des Angebots von frischen Lebensmitteln weiter ausgebaut. In den 2000er Jahren steigerte sich die Bedeutung von Kunststoff weiter durch den Einsatz für strukturelle Elemente, wie Kommunikationsmittel oder auch Lebenserhaltungssysteme (Millet et al. 2018). Eine chronologische Übersicht der Kunststoffentwicklung und auch markanter Ereignisse in Bezug auf Makro- und Mikroplastik ist in Abb. 2.2 dargestellt. Da durch die Definition von Mikroplastik indirekt auch Makroplastik definiert wurde, sind beide Einflussgrößen in der Grafik mit aufgeführt.

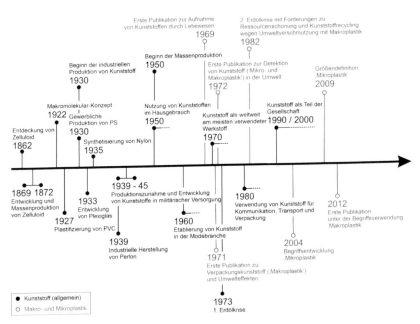

Abb. 2.2 Zeitliche Entwicklung des Werkstoffs Kunststoff und wichtige Ereignisse in Bezug auf die Mikro- und Makroplastikforschung. (Eigene Darstellung)

Seit der Massenproduktion von Kunststoff ist aufgrund der großen produzierten Menge und der oft geringen Nutzungsdauer die Möglichkeit zum Umwelteintrag gegeben. Um für die weiteren Ausführungen einen Bedeutungsstandard festzusetzen, wird nachfolgend sowohl der Begriff Umwelt als auch die Begrifflichkeit Makroplastik definiert.

Der Begriff *Umwelt* wird hier umfassend für die aquatische und die terrestrische Umwelt verwendet. Die aquatische Umwelt wird in fluviale (Fließgewässer), limnische (Seen) und marine (Ozeane) Bereiche unterteilt. Innerhalb der terrestrischen Umwelt werden Sedimente, Böden und Gesteine betrachtet. Darüber hinaus zählen Flora, Fauna und der Mensch zur Umwelt, die mit der unbelebten Umwelt über Wirkungspfade in Beziehung stehen. Mit der Betrachtung von Makroplastik in der aquatischen und terrestrischen Umwelt wird das Vorkommen dort anschließend in Bezug auf die Folgen für Flora, Fauna und Mensch übertragen.

Eine aktuelle Problematik ist sowohl die fehlende Begriffs- als auch Größenstandardisierung von Kunststoffen, die in der Umwelt detektiert werden, weshalb eine einheitliche Definition gefordert wird (Hartmann et al. 2019). Mit der Größendefinition von Mikroplastik als Partikel mit einem Durchmesser <5 mm (Arthur et al. 2009) gilt für Makroplastik die Größendefinition von Partikeln mit einem *Durchmesser $\geq$ 5 mm* (Hahladakis et al. 2018; Kawecki und Nowack 2019; Koelmans et al. 2017a; Lebreton et al. 2019; Piehl et al. 2018). Beide Größeneinteilungen sind jedoch *nicht* international standardisiert.

So wurde von Barnes et al. (2009) *macro-debris* mit einem Durchmesser >20 mm definiert, von der Europäischen Kommission (2013) als Partikel >25 mm oder Makroplastik im Allgemeinen auch als Partikel >5 cm (van Emmerik et al. 2018). Weiterhin wird auch die Bezeichnung Mesoplastik verwendet mit einer Größeneinteilung von >5–25 mm, wonach Makroplastik als Fraktion >25 mm definiert ist (UBA 2019). Die Begriffsbezeichnung Mesoplastik wird innerhalb der Forschung jedoch nicht weiter fokussiert. Aufgrund der großen Anzahl von Publikationen zu Mikroplastik (> 3000[1]) ist die Größendefinition von Makroplastik $\geq$ 5 mm somit zu bevorzugen, vereinfacht die Abgrenzung hinsichtlich Forschungsarbeiten zu Mikroplastik und wird weiterführend verwendet. Es kann somit angenommen werden, dass alle Kunststoffpartikel, die nicht als Mikro- oder Nanoplastik bezeichnet werden, zur Größenordnung Makroplastik gehören.

---

[1]Datenstand im Web of Science im November 2019

Tab. 2.1 Bezeichnungen für in der Umwelt detektierte größere Kunststoffe aus der Literatur. (Eigene Darstellung)

Bezeichnung		Beispielreferenz	Publikationen
Macro litter	Makroskaliger Abfall	Andrady (2011)	16
Anthropogenic litter	Anthropogener Abfall	Chin und Fung (2018)	18
Plastic litter	Kunststoffabfall	Bond et al. (2018)	43
Marine litter	Mariner Abfall	Hengstmann et al. (2017)	158
Macroplastic	Makroplastik	van Emmerik et al. (2018)	23
Marine plastic	Mariner Kunststoff	Barnes et al. (2018)	55
Plastic debris	Kunststoffabfall	Derraik (2002)	177

Innerhalb der Forschung gibt es über die Bezeichnung Makroplastik hinaus zahlreiche Begriffe, die synonym verwendet werden. Am häufigsten werden die Begriffe *macro litter, anthropogenic litter, plastic litter, marine litter, marine plastic* und *plastic debris* neben *macroplastic* verwendet. In diese Bezeichnungen, die deutlich zeigen, dass sich die Forschung derzeit auf Kunststoffe im marinen Bereich fokussiert, lässt sich der Begriff Makroplastik integrieren. Tab. 2.1 zeigt die zugehörigen Publikationszahlen[2] in wissenschaftlichen Zeitschriften mit der Verwendung des entsprechenden Schlagwortes im Titel.

Die aufgeführten Bezeichnungen zeigen die Diversität innerhalb der Forschung zu Makroplastik. Die erste Studie zu Kunststoffen in der Umwelt, die 1972 von Carpenter und Smith Jr. veröffentlicht wurde, beschäftigte sich mit *plastic* in der Saragossasee im nordwestlichen Atlantik. Die Größenangaben zu den Partikeln spiegeln wider, dass es sich dabei sowohl um Makro- als auch Mikroplastik handelt. Die erste Studie, die im Titel das Wort Makroplastik enthielt, wurde 2012 von Nakashima et al. veröffentlicht.

Makroplastik zeichnet sich darüber hinaus über seine Heterogenität aus, da es entsprechend dem Ausgangsprodukt Unterschiede bezüglich des Polymers, der Größe, der Form, der Farbe und der Konsistenz gibt. Aufgrund der kurzen Nutzungsdauer wird Makroplastik vorwiegend in Form von Einwegkunststoffartikeln in der Umwelt gefunden. Zu den am häufigsten detektierten Makroplastikartikeln in Bezug auf Einwegkunststoffe, die

---

[2]Die Recherche wurde im Web of Science im November 2019 basierend auf allen Datenbanken durchgeführt.

an *europäischen Stränden* gefunden wurden, gehören nach Angaben der
Europäischen Kommission (2018):

- Lebensmittelverpackungen
- Getränkebecher
- Wattestäbchen
- Einwegbesteck
- Luftballon (-stäbe)
- Tüten und Folienverpackungen
- Getränkebehälter (-flaschen)
- Filter für Tabakprodukte
- Hygieneartikel
- Leichte Kunststofftragetaschen

Weltweit gesehen wurde 2014 – bezogen auf alle Einwegkunststoffartikel – mit
38 % der größte Anteil in Asien produziert, gefolgt von Nordamerika (21 %), dem
Nahen Osten (17 %) und Europa (16 %) (Fuhr et al. 2019). Zusätzlich kann Makroplastik neben Einwegkunststoffen beispielsweise auch Abfall von Schiffen, Fischerei
und landwirtschaftlichen Aktivitäten oder Ausschuss, Überschuss oder Verschnitt
aus Industrie und Fertigungstechnik sein. Abschließend für dieses Kapitel gibt
Tab. 2.2 eine Übersicht über die charakteristischen Eigenschaften von Makroplastik.

Tab. 2.2 Charakteristische Eigenschaften von Makroplastik. (Eigene Darstellung)

Charakteristik	Erläuterung
Material	Kunststoff (alle produzierten Polymere)
Eigenschaften	– Verformbarkeit – Leichtigkeit – Stabilität – Persistenz – Erfüllung von Hygieneanforderungen
Dichte	0,83–1,3 g/cm^3
Größe	≥ 5 mm
Entstehung	Produktion von Kunststoffprodukten aller Anwendungsbereiche
Umwelteintrag	Bedingt durch anthropogenes Handeln von land- und ozeanbasierten Quellen
Akkumulation	Innerhalb der Umwelt in allen aquatischen und terrestrischen Bereichen
Austrag	Energetische Verwertung

Der Lebenszyklus von Makroplastik 3

Der Lebenszyklus von Kunststoffen lässt sich vereinfacht in drei Bereiche unterteilen: *Produktion, Verwendung und Entsorgung.* Abb. 3.1 zeigt die Mengen dieser Bereiche für Europa im Jahr 2017. Die Entwicklung von Produktion über Verwendung hin zu Entsorgung und Rückführung kann analog auf andere Länder und Regionen übertragen werden, wobei zwischen den Anteilen der Methoden zur stofflichen und energetischen Verwertung sowie zur Deponierung zu differenzieren ist.

Der Umwelteintrag erfolgt innerhalb des Lebenszyklus durch die Entsorgung. Insgesamt liegt der bisherige Forschungsfokus auf der Detektion von Kunststoffabfällen im marinen System. Dieser Fokus ergab sich aus den ersten gezielten Untersuchungen zu detektieren Kunststoffabfällen in den Ozeanen (Moore et al. 2001; Thompson et al. 2004). Mit der Zunahme der Forschungsarbeiten wurde der Weg des Kunststoffs von der Detektion zurück zu den Eintragspfaden verfolgt. Doch warum finden wir überhaupt Makroplastik in den Ozeanen?

3.1 Entstehung von Makroplastik

Seit der Massenproduktion von Kunststoffen 1950 wird die globale Kunststoffproduktion bis 2015 auf 8300 Mio. Tonnen geschätzt. Innerhalb der Produktion wird zwischen der Primärproduktion, der Sekundärproduktion und der Nutzung recycelter Produkte unterschieden, wobei Primärprodukte einen deutlich größeren Anteil darstellen. Das Recycling von Kunststoffen beläuft sich zwischen 1950 bis 2015 auf ungefähr 600 Mio. Tonnen, wovon 83 % dem Recycling von primär genutzten Produkten und 17 % von zuvor recycelten und somit sekundären Kunststoffen zuzuschreiben ist. Insgesamt wurden in diesem Zeitraum 800 Mio.

S. Lechthaler, *Makroplastik in der Umwelt*, essentials, https://doi.org/10.1007/978-3-658-30337-2_3

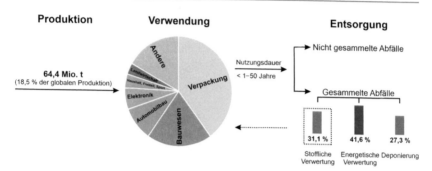

Abb. 3.1 Lebenszyklus von Kunststoffen in Europa 2017. (Eigene Darstellung nach PlasticsEurope 2018)

Tonnen energetisch verwertet und *4900 Mio. Tonnen* entsorgt, was sowohl die Deponierung als auch die nicht sachgemäße Entsorgung in der Umwelt beschreibt (Geyer et al. 2017).

Makroplastik entsteht durch die Produktion von Kunststoffen, die anschließend in die Umwelt eingetragen werden können. Die Produktions-anteile der verschiedenen Polymere für Europa im Jahr 2017 sind in Abb. 3.2 zu sehen. Den größten Anteil stellt Polypropylen (PP) dar, gefolgt von Polyethylen niedriger Dichte (PE-LD) und Polyethylen höherer Dichte (PE-HD). Diese drei Kunststoffe weisen eine geringere Dichte als Wasser auf. Eine höhere Dichte als Wasser haben die Polymere Polyvinylchlorid (PVC), Polyurethan (PUR), Polyethylenterephthalat (PET) und (expandiertes) Polystyrol ((E)PS). In Abb. 3.2 sind unter *Andere* fünf verschiedene Polymere zusammengefasst, wozu Acrylnitril-Butadien-Styrol (ABS), Polybutylenterephthalat (PBT), Poly-carbonat (PC), Polymethylmethacrylat (PMMA) und Polytetrafluorethylen (PTFE) gehören, die Dichten (ρ) zwischen und 1,05 g/cm^3 und 2,2 g/cm^3 auf-weisen.

3.2   Eintragspfade in die Umwelt

Die Eintragspfade von Makroplastik in die Umwelt lassen sich ausgehend von den Quellen beschreiben. Diese werden in *land- und ozeanbasierte Quellen* unterteilt, die in Tab. 3.1 dargestellt sind. Die landbasierten Quellen sind in Littering, das wissentliche Entsorgen von Abfällen in der Natur (UBA 2019), Industrie und Landwirtschaft, Kommunen und natürliche Sturmereignisse aufgeteilt. Bezüglich der ozeanbasierten Quellen sind natürliche Sturmereignisse

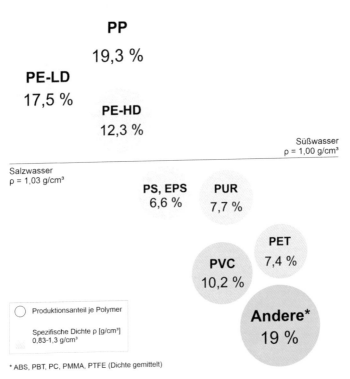

Abb. 3.2 Übersicht der Polymeranteile für die Kunststoffproduktion in Europa 2017. (Eigene Darstellung nach PlasticsEurope 2018)

auch als Quelle aufgeführt ebenso wie Abfälle aus der Schifffahrt und Fischerei-aktivitäten sowie illegale Abfallentsorgung auf offener See.

Der Eintrag in terrestrische Bereiche erfolgt in großen Teilen über Littering, was sowohl kleinere Mengen umfasst, als auch illegale Abfallverkippung in großen Mengen. Die Eintragspfade lassen sich über aktuelle Massen-bilanzierungen von Kunststoffen in der Umwelt weiterhin belegen. Die Datengrundlage bildet beispielsweise die nicht sachgemäße Entsorgung von Abfällen, die Bevölkerungsdichte und der monatlichen Abfluss des Einzugs-gebiet (Lebreton et al. 2017) oder aber die Mengen fester Abfallstoffe, die Bevölkerungsdichte und der wirtschaftliche Status (Jambeck et al. 2015). Die Eingangsdaten der Bilanzierungen belegen anthropogenes Handeln als Grundlage für den Eintrag von Makroplastik in die Umwelt.

Tab. 3.1 Übersicht der land- und ozeanbasierten Quellen für einen Makroplastikeintrag in die Umwelt. (Nach Mehlhart und Blepp 2012)

Landbasierte Quellen	Ozeanbasierte Quellen
Littering	Schiffsabfälle
– Allgemeines Littering – Littering durch Touristen – Events und Veranstaltungen	– Handelsschifffahrt – Forschungsschiffe – Private Schifffahrt – Öffentliche Schifffahrt
Industrie und Landwirtschaft	Fischereiaktivitäten
– Bau- und Abbrucharbeiten – Landwirtschaftliche Aktivitäten	– Fischerboote – Fischereiausrüstung – Aquakulturen
Natürliche Sturmereignisse	Natürliche Sturmereignisse
– Kommunen – Unsachgemäße Abfallbehandlung/-entsorgung – Ungeschützte Deponien mit Nähe zu Küsten und Fließgewässern	
	Illegale Abfallentsorgung auf offener See

Littering

In Deutschland wird der Eintrag in die Umwelt durch Littering anteilig am Makroplastikaufkommen auf 1,76–2,0 % bilanziert, wonach die Makroplastikemissionen zwischen *107.170–292.272 Tonnen pro Jahr* liegen und sich pro Kopf jährlich auf ungefähr 1,3–3,5 Kg belaufen (Bertling et al. 2019). Im Vergleich dazu wurden für die Schweiz die jährlichen Abgaben an Makroplastikemissionen pro Kopf auf 540 g ± 140 g für Böden und 13,3 g ± 4,9 g für Süßwasser bilanziert. Den größten Anteil stellen für beide Eintragsbereiche (Böden, Süßwasser) PET-Flaschen dar (Kawecki und Nowack 2019). Die Unterschiede ergeben sich vorwiegend aus den Ausgangswerten und Schätzungen, die für die Bilanzierung verwendet wurden.

Einen großen Anteil an Littering von Makroplastik stellt das Entsorgen von Zigarettenfiltern dar. Zigarettenfilter werden als am häufigsten auftretender Abfallartikel deklariert und es wird angenommen, dass weltweit betrachtet jährlich 4,5 Billionen Zigarettenfilter in die Umwelt eingetragen werden. Dies entspricht ungefähr 80 % der konsumierten Zigaretten (Slaughter et al. 2011). Für 2016 wurde sogar eine weltweite Produktion von 5,7 Billionen Zigarettenfiltern berichtet. Dabei besteht die Mehrheit der Filter aus dem Polymer Celluloseacetat

(CA) (Kurmus und Mohajerani 2020). Vor allem urbane Bereiche und Strände sind stark durch Zigarettenfilter und andere Abfälle von Tabakprodukten belastet (Novotny und Slaughter 2014).

In urbanen Gebieten gelangen Zigarettenfilter und andere Makroplastikabfälle durch *Oberflächenabfluss* in Kanalisation und Kläranlagen. Zusätzlich wird auch Makroplastik in sanitären Anlagen entsorgt und so in die Kanalisation eingeleitet. In Deutschland wird dieser Abfallstrom jährlich auf 3000 Tonnen geschätzt (Bertling et al. 2019).

Kläranlagen

Das Kanalsystem vor Kläranlagen kann als Misch- oder Trennsystem aufgebaut sein. Im Mischsystem werden Schmutz- und Niederschlagswasser in einem Kanal geführt, wohingegen im Trennsystem ein eigenes Kanalnetz jeweils für Schmutz- und Niederschlagswasser besteht (Destatis 2018b). Ein Austritt aus Kläranlagen in die Umwelt ist für Makroplastik über Regenüberlaufbecken im Mischsystem (Kawecki und Nowack 2019) oder über Regenklär- oder Regenrückhaltebecken, die einen Notüberlauf besitzen, im Trennsystem möglich. 2016 entfielen von den 594.335 km des Kanalnetzes in Deutschland 41,5 % auf Mischwasserkanäle, 36,1 % auf Schmutzwasserkanäle und 22,4 % auf Regenwasserkanäle. Insgesamt gibt es in Deutschland, Stand 2016, 25.123 Regenüberlaufbecken mit einem Gesamtspeichervolumen von 15.969.058 m^3 (Destatis 2018a).

Durch Niederschlagswasser, welches Straßenabfälle transportiert (Kim et al. 2006), kann Makroplastik über den Oberflächenabfluss in den Regenwasserkanal eines Trennsystems gelangen. Nach temporärer Speicherung in Regenklär- oder Regenrückhaltebecken wird das Regenwasser über einen Überlauf abgeleitet. Im Mischsystem wird bei einer Übersteigung der Aufnahmekapazität einer Kläranlage durch Niederschlagswasser das Mischwasser in einem Regenüberlaufbecken zwischengespeichert und anschließend gedrosselt der Kläranlage zugeführt. Wird das Rückhaltevolumen des Regenüberlaufbeckens überschritten, wird das Mischwasser in das Fließgewässer abgeschlagen. Durch die verringerte Strömung während der Zwischenspeicherung in einem Regenklär-, Regenrückhalte- oder Regenüberlaufbecken sedimentieren partikuläre Stoffe und das Mischwasser wird mechanisch gereinigt (DWA 2013). Die Sedimentation von Makroplastik betrifft aufgrund der Dichte während der Zwischenspeicherung nur einen geringen Anteil (vgl. Abb. 3.2).

Um Makroplastik und andere Abfälle zurückzuhalten, besitzen Regenklär- und Regenüberlaufbecken Tauchwände vor der Einleitung des Regen- oder Mischwasser in das Fließgewässer. Diese Tauchwände halten Schwimmstoffe zurück

Abb. 3.3 Makroplastik akkumuliert an der Oberfläche eines Regenüberlaufbeckens während zwei unterschiedlicher Ereignisse (a, b). (Eigene Darstellung)

(DWA 1992), wozu auch Makroplastik zählt. Tauchwände können jedoch aufgrund von Turbulenzen auch unterströmt werden. Bei der Einleitung Misch- und Regenwassers in Fließgewässer ist somit die Möglichkeit des Makroplastikeintrags in die Umwelt gegeben.

Abb. 3.3 zeigt beispielhaft Makroplastik, das über Oberflächenabflüsse innerhalb einer Stadt in die Kanalisation eingetragen wurde, an der Wasseroberfläche eines Regenüberlaufbeckens. In beiden Abbildungen (a, b) ist Makroplastik in Form von Verpackungsmaterial oder Kunststoffflaschen zu erkennen, was vor der Tauchwand des Beckens zurückgehalten wird.

Wird Makroplastik in das Fließgewässer eingetragen, erfolgt ein Weitertransport oder die Ablagerung in Auenbereichen durch Überflutungsereignisse.

▶   Kläranlagen sind somit keine Quelle, sondern ein Eintragspfad für Makroplastik in die Umwelt.

Landwirtschaft

Durch die Anreicherung von Makroplastik in Böden zählen vor allem landwirtschaftliche Flächen zu stark kontaminierten Bereichen. Doch wie gelangt Makroplastik dorthin?

Bei landwirtschaftlicher Arbeiten werden vorwiegend Kunststofffolien für Gewächshäuser sowie Mulch- und Silofolien verwendet (Piehl et al. 2018), die durch die folgende mechanische Kultivierung in den Boden eingebracht werden können (Liu et al. 2014). Auch durch die Düngung mit Kompost ist ein Eintrag von Makroplastik möglich. Verantwortlich dafür ist die Entsorgung von Makroplastik, wie beispielsweise Kunststofftüten, im Bioabfall (Bläsing und Amelung 2018). Dies wird als Fehlwurf bezeichnet, da das Abfallprodukt einem falschen Abfallstrom zugeordnet wurde und die nachfolgende Behandlung somit nicht an den entsprechenden Werkstoff angepasst ist. Eine neue Problematik entsteht zusätzlich durch die Verwendung von Biokunststofftüten, die als biologisch abbaubar deklariert sind. Die Kompostierbarkeit ist in den zur Aufbereitung genutzten großtechnischen Kompostieranlagen jedoch nicht gewährleistet (UBA 2009) und es müssten kontrollierte Bedingungen in spezialisierten Anlagen gegeben sein (Scalenghe 2018). Biokunststoffe, die im Biomüll entsorgt werden, werden daher in einer Kompostierungsanlage nicht abgebaut und können anschließend auf landwirtschaftliche Flächen eingetragen werden.

Deponien

Eine weitere Möglichkeit zum Eintrag in die Umwelt ergibt sich durch Deponien in der Nähe zu Küsten und Fließgewässern (Mehlhart und Blepp 2012). Auch in Europa werden Kunststoffabfälle deponiert, wobei es je nach Lage der Deponie durch die Nähe zu Gewässern oder fehlende Abdeckungen zu einem Eintrag in die Umwelt kommen kann. Weiterhin kann es auch während des Transports von Abfall oder durch Unfälle zu einem Umwelteintrag von Makroplastik kommen (Barnes et al. 2009), was eine Bilanzierung dieses Eintragspfades erschwert. Erste Studien haben bereits nachgewiesen, dass Deponien nicht die *finale Senke* für Kunststoffe sind, sondern ein potenzieller Eintragspfad durch die Nähe zu Fließgewässern und für die Entstehung von Mikroplastik (He et al. 2019; Kazour et al. 2019). Eine Übersicht der Menge an deponierten Abfällen (gesamt) und Kunststoffabfällen, die 2016 in Europa deponiert wurden, gibt Abb. 3.4. Die größten Mengen an Kunststoffen wurden in Frankreich, Spanien, im Vereinigten Königreich sowie in Tschechien und Italien deponiert.

Insgesamt wurden im Jahr 2016 in den 28 Ländern der Europäischen Union (EU) 440.000 Tonnen Kunststoffabfälle deponiert, im Vergleich dazu waren es 2012 noch 1.370.000 Tonnen (Eurostat o. J.). In Deutschland wurden 2016 insgesamt 1177 Tonnen Kunststoffe deponiert. Bei der Kunststoffdeponierung innerhalb der Europäischen Union ist zu berücksichtigen, dass die Vorgaben zur Deponierung durch die EU-Deponierichtlinie geregelt sind (EG 1999), jedoch auf nationaler Ebene unterschiedlich umgesetzt werden. In Deutschland müssen Abfälle bestimmten Anforderungen entsprechen, bevor sie deponiert werden dürfen (KrWG § 43) und werden somit nicht unbehandelt zu einer Deponie

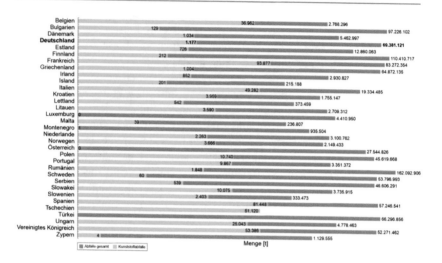

Abb. 3.4 Deponierung von Abfällen insgesamt und von Kunststoffabfällen 2016 in der EU, logarithmische Darstellung. (Nach Eurostat o. J. [Für die Länder Albanien, Bosnien und Herzegowina, Lichtenstein, Nordmazedonien, Albanien, Tschechien (Abfälle gesamt) und die Türkei (Kunststoffe) liegen für das Jahr 2016 keine Daten vor.])

gebracht. Eine solche Deponierungsrestriktion liegt ebenfalls in Finnland, Norwegen, Belgien, Luxemburg, Dänemark, Schweden, den Niederlanden, Österreich und der Schweiz vor (PlasticsEurope 2018).

Durch die Deponieverordnung (DepV) wird in Deutschland der Umgang mit zu deponierenden Abfällen festgelegt (BRD 2017). Für die Behandlung fester Siedlungsabfälle, wozu auch Kunststoffe gehören können, gibt es für den organischen Anteil des Trockenrückstandes der Originalsubstanz zwei zu berücksichtigende Kriterien:

- Der Anteil des gesamten organischen Kohlenstoffs (total organic carbon, TOC) darf 18 Massenprozent nicht überschreiten.
- Der Brennwert darf nicht über 6 Megajoule pro Kilogramm Trockenmasse liegen.

Diese Kriterien greifen vor einer Deponierung und betreffen besonders Kunststoffe, da diese aus organischem Kohlenstoff bestehen und einen hohen Heizwert besitzen (Menges et al. 2011). Diese Anforderungen führen im Vergleich zu anderen Ländern der EU in Deutschland zu einer geringen Kunststoffdeponierung.

Allgemein wird landbasierten Quellen von Makroplastik der größte Anteil an der Belastung der Ozeane mit Kunststoffen zugeschrieben. Diese Aussage basiert hauptsächlich auf der Abschätzung von Abfallströmen. Von Jambeck et al. (2015) wurde erstmalig eine *globale Betrachtung* landbasierter Kunststoffe, die über Fließgewässer in die marine Umwelt gelangen, erstellt. Unter der Berücksichtigung der Eingangsgrößen Feststoffabfälle, Küstenzugang, Weltbevölkerung und wirtschaftlicher Status wurde für das Jahr 2010 eine Eintragsmenge von 275 Mio. Tonnen Kunststoffabfällen aus 192 Ländern geschätzt. Es wird somit deutlich, dass unabhängig von der Makroplastikquelle in Folge einer Ablagerung in terrestrischen Bereichen auch ein Eintrag in fluviale und limnische sowie marine Systeme erfolgen kann. Dabei sind Flutereignisse ein entscheidender Faktor für die Eintrags- und Transportpfade (Bläsing und Amelung 2018). Durch Flutereignisse kann einerseits am Ufer befindliches Makroplastik in das Fließgewässer eingetragen, andererseits zuvor fluvial transportiertes Makroplastik im Auen- und Uferbereich abgelagert werden. Ebenso kann an der Küste akkumuliertes Makroplastik in die marine Umwelt transportiert werden oder sich in marinen Bereichen befindliches Makroplastik am Küstenbereich ansammeln.

Abfallentsorgung in der marinen Umwelt

Zusätzlich zum Eintrag von landbasierten Quellen kommt es durch Abfallentsorgung auf offener See, Schifffahrt und Fischereiaktivitäten zur Akkumulation von Makroplastik auf dem Meeresboden (Chiba et al. 2018) oder in zirkulierenden Meeresströmungen (Lebreton et al. 2018), die somit zu sogenannten Müllstrudeln werden. Solche Müllstrudel werden auch als *garbage patches* bezeichnet. Nach Lebreton et al. (2018) sind 46 % der Kunststoffe, die im nordpazifischen *garbage patch* schwimmen, Fischereinetze. Der Eintrag aus ozeanbasierten Quelle wird durch das Verklappungsverbot von Abfällen auf See innerhalb der MARPOL Annex V seit der Verabschiedung 1991 international geregelt (MEPC 1989), wodurch seitdem von einem Rückgang von Makroplastik aus Schiffsabfällen auszugehen ist (Barnes et al. 2009).

Insgesamt sind alle Eintragspfade aus land- und ozeanbasierten Quellen anthropogen bedingt. Eine weitere Verteilung des eingetragenen Makroplastiks erfolgt über *Verdriftung,* was als passive Ausbreitung durch Wind und Wasserströmungen definiert ist (Meyer 2017). Der Transport durch Wind führt neben dem Eintrag in aquatische Bereiche auch zu einer Akkumulation in ländlichen Gebieten mit geringer Bevölkerungsdichte, sogenannten peripheren Regionen, wie Wüsten oder Gebirgen (Allen et al. 2019; Bläsing und Amelung 2018).

Erfolgt ein Eintrag in die marine Umwelt kann Makroplastik an der Oberfläche durch Strömungen und Winde weitertransportiert werden, in Küstenbereichen akkumulieren oder durch verschiedene Umwelteinflüsse degradieren,
fragmentieren und sedimentieren (Lebreton et al. 2018). Der Eintrag von Makroplastik führt somit durch verwitterungsbedingte Degradation und folgende
Fragmentierung, beispielsweise anhand der Einwirkung von UV-Strahlung
(Kalogerakis et al. 2017), subsequent zur Entstehung von sekundärem Mikroplastik (Duis und Coors 2016; European Commission 2013).

Die Makroplastikakkumulation wird im nachfolgenden Kapitel in terrestrische
und anschließend in aquatische Bereiche unterteilt. Insgesamt stellt Makroplastik die Hauptkomponente von Umweltabfällen dar und entspricht in Teilen
bis zu 95 % der Anzahl an akkumulierten Abfällen entlang der Küstenlinien, an
der Meeresoberfläche und am Meeresboden (Galgani et al. 2015). Abschließend
sind in Abb. 3.5 die zuvor beschriebenen Einträge, Transportprozesse und
Akkumulationsbereiche von Makroplastik in der Umwelt zusammenfassend
dargestellt.

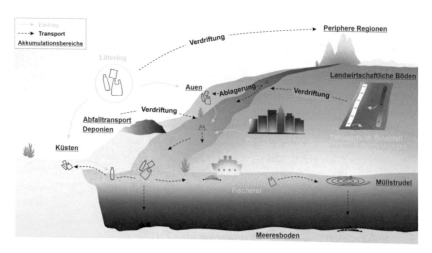

Abb. 3.5 Übersicht der Eintrags- und Transportpfade und Akkumulationsbereiche von
Makroplastik in der Umwelt. (Eigene Darstellung)

Akkumulation von Makroplastik in der terrestrischen Umwelt

4

Durch den Eintrag von Makroplastik in die Umwelt akkumulieren sich die Abfälle dort und es wurde bereits in vielen terrestrischen Bereichen eine Belastung nachgewiesen. Die starke Akkumulation von Makroplastik wird durch eine fehlende systematische Erfassung und somit fehlendes Recycling und Abfalldeponierung von Kunststoffabfällen erklärt (Ebere et al. 2019).

Aufgrund stark *variierender Einheiten*, die in Studien zu Makroplastik weltweit verwendet wurden, können die Daten nicht verglichen werden. Einerseits wurden nur einzelne Abfallsorten, wie Flaschen oder Folien, untersucht, andererseits können die Betrachtungsweisen nicht korreliert werden. Weiterhin ist aufgrund der fehlenden Definition eine klare Abgrenzung der Forschungsergebnisse nicht möglich. Für eine umfassende und detaillierte Darstellung fehlen derzeit noch belastbare Daten. Nachfolgend werden somit beispielhaft Belastungsstudien zu Makroplastik in den Bereichen Sediment, Boden und Gestein dargestellt.

4.1 Sediment

Sedimente entstehen durch mechanische und chemische Verwitterung von Gesteinen mit nachfolgendem Transport und Ablagerung dieser Verwitterungsprodukte. Die Transportmittel sind Wasser, Wind und Eis (Correns 1939). Anhand des Ablagerungsortes werden die Sedimente nachfolgend in fluviale, limnische und marine Sedimente unterteilt.

© Der/die Herausgeber bzw. der/die Autor(en), exklusiv lizenziert durch Springer Fachmedien Wiesbaden GmbH, ein Teil von Springer Nature 2020
S. Lechthaler, *Makroplastik in der Umwelt*, essentials,
https://doi.org/10.1007/978-3-658-30337-2_4

Limnische Sedimente – Das Ufer

Bei Untersuchungen von limnischen Sedimenten am Ufer eines Sees in Südamerika detektierten Blettler et al. (2017) darin enthaltenes Makroplastik. Dabei wurden in einer Fläche von 250 m² insgesamt 217 Kunststoffabfälle gefunden. Die Herkunft des Makroplastiks konnte hauptsächlich häuslichen Feststoffabfällen und nicht industriellen Abfällen zugeschrieben werden. Ähnliche Ergebnisse konnten Corcoran et al. (2015) am Lake Ontario nachweisen. Die Belastung dort lag bei 0,8–1 Makroplastikartikel pro Quadratmeter, hier angegeben für nicht fragmentierte Partikel. Zusätzlich wurden Angaben über Kunststoffkugeln, sogenannte Pellets, Fragmente und EPS gemacht, die größtenteils der Größendefinition von Makroplastik entsprachen. Die Belastung für Pellets lag zwischen 8,8–21,2 Pellets pro Quadratmeter, für Fragmente zwischen 3,6 bis 4,5 Fragmente pro Quadratmeter und für EPS bei 1,3–1,7 g pro Quadratmeter. Es zeigte sich eine Korrelation der Akkumulation von Pellets mit den Wetterbedingungen, da die Belastung nach starken Regenfällen deutlich höher war. Durch erhöhte Regenfälle können über Zuflüsse des Sees Pellets von Industriebereichen transportiert worden sein. In der Schweiz wurden an den Ufern sechs verschiedener Seen (Genfersee, Bodensee, Neuenburgersee, Langensee, Zürichsee und Brienzersee) deutlich höhere Belastungen mit 90 Makroplastikartikel pro Quadratmeter gefunden (Faure et al. 2015).

Durch Aufräumaktionen entlang der Ufer der Great Lakes in Nordamerika wurde der Kunststoffanteil von allen gesammelten Abfällen dort ermittelt. Diese lagen am Lake Superior bei 77 %, am Lake Huron bei 90 %, am Lake Michigan bei 85 %, am Lake Erie bei 90 % und am Lake Ontario bei 89 % (Driedger et al. 2015). Ähnliche Ergebnisse zeigten sich in Auswertungen von Aufräumaktionen an den großen afrikanischen Seen, insbesondere am Malawisee. Dort wurden zwischen 2015 bis 2018 durch ein *citizen science* Programm 490.064 Abfallartikel gesammelt, wovon um die 80 % Kunststoffe enthielten. Neben Tragetaschen, Hygieneprodukten, Trinkflaschen und Fischereiausrüstung wurden Becher, Verpackungsmaterial, (Flaschen-) Deckel, Essensverpackungen, Besteck, Zigarettenfilter, Reifen und Strohhalme gefunden (Mayoma et al. 2019).

Die Zusammensetzung des Makroplastiks bestätigt somit den großen Anteil an Einwegkunststoffen innerhalb der Abfälle in der Umwelt. Dabei steht die Kunststoffbelastung in Zusammenhang mit Urbanisierung und Bevölkerungsdichte (Ghaffari et al. 2019). Tab. 4.1 gibt eine Übersicht über die Konzentration von Makroplastik in limnischen Sedimenten.

Tab. 4.1 Übersicht der Konzentration von Makroplastik pro Quadratmeter (MaP/m^2) an Ufern verschiedener Seen mit Verweis auf Merkmale der Kunststoffabfälle und vorwiegend vorkommender Polymere. (Eigene Darstellung)

MaP/m^2	Merkmale	Polymere	Lokalisierung	Referenz
0,9	– Lebensmittelverpackungen – Kunststofftüten – Nahrungsmittelbehälter – PET-Flaschen	– PP, PS (42 %) – PE-HD/LD (24 %) – EPS (14 %) – PET (4 %)	Südamerika	Blettler et al. (2017)
0,8–1	– Pellets, Fragmente	– EPS	Lake Ontario (USA, Kanada)	Corcoran et al. (2015)
90	– Untersuchung von 6 Seen – Fragmente und Filme	–	Schweiz	Faure et al. (2015)
–	– >77 % Kunststoffe unter den Abfällen	–	Great Lakes (USA)	Driedger et al. (2015)
–	– 80 % Kunststoffe unter den Abfällen – Kunststofftaschen (27,5 %) – Hygieneprodukte (15 %) – Trinkflaschen (13 %) – Fischereiausrüstung (10 %)	–	Große Afrikanische Seen	Mayoma et al. (2019)
8,74 ± 0,42 7,53 ± 0,3	– 5 bis < 25 mm – > 25 mm	–	Kaspisches Meer	Ghaffari et al. (2019)

Fluviale Sedimente – Die Aue

In fluvialen Sedimenten, wozu auch Auensedimente zählen, lagert sich Makroplastik hauptsächlich durch Flutereignisse ab. In Abb. 4.1a ist der Auenbereich eines Fließgewässers in Deutschland nach einem Hochwasser zu sehen. In und auf der Vegetation ist Makroplastik vorwiegend in Form von Kunststofftüten und anderen Folien zu erkennen. Weiterhin zeigt Abb. 4.1b Makroplastik (verschiedene Kunststoffverpackungen) im Auenbereich desselben Fließgewässers im Radius von einem Meter. Studien zur Makroplastikbelastung der Auen

Abb. 4.1 Makroplastik in Auenbereichen eines Fließgewässers in Deutschland. **a** Makroplastikakkumulation nach Hochwasserereignis direkt am Fließgewässer. **b** Makroplastik im Auenbereich im Umkreis von einem Meter. (Eigene Darstellungen)

deutscher Fließgewässer gibt es derzeit noch nicht. Durch den Transport und die Ablagerung von Makroplastik im Auenbereich kann dieses durch weitere Sedimentationsereignisse überlagert und somit auch in tieferen Schichten wiedergefunden werden.

Probenahmen an den Uferbereichen fünf verschiedener Flüsse in Nigeria haben in Bezug auf *macro debris* eine starke Belastung aufgezeigt. Mit einer Größengrenze > 5 cm wurden 3487 Abfallartikel pro Quadratmeter detektiert, wovon 59 % Kunststoffe und somit Makroplastik waren. Zusätzlich konnte nachgewiesen werden, dass die Häufigkeit von Mikroplastik mit der Häufigkeit verschiedener Abfallgruppen korreliert. Dies wies darauf hin, dass durch Degradations- und Fragmentierungsprozesse an Stellen mit hohem Makroplastikvorkommen vermehrt Mikroplastik auftritt.

Marine Sedimente – Die Küste

Zu marinen Sedimenten zählen Strände in Küstenbereichen. Nach Zählungen der Europäischen Kommission sind etwa die Hälfte der an europäischen Stränden gefundenen Abfälle Einwegkunststoffartikel. Dabei entsprechen 86 % aller Einwegkunststoffartikel den zehn am häufigsten gefundenen Produkten, wozu unter anderem Lebensmittelverpackungen, Getränkebecher und Einwegbesteck zählen (Europäische Kommission 2018). Die Belastung von Küstenbereichen mit Makroplastik ist von größeren Städten, der Landnutzung, der Hydrodynamik und maritimen Aktivitäten geprägt. Insgesamt erscheinen die Akkumulationsraten in der Südhemisphäre niedriger als in der Nordhemisphäre (Galgani et al. 2015).

Die Prinzipien sind jedoch ähnlich, da die Makroplastikbelastung an Stränden vorwiegend durch die Nähe zu Wohnbereichen bedingt ist. Beispielhaft kann dies durch Untersuchungen in Indonesien entlang der Straße von Makassar gezeigt werden. Dort wurde mariner makroskaliger Abfall (2,5–100 cm) gesammelt, wovon 82–85 % Kunststoffe und Gummi waren. Insgesamt war die Anzahl an Abfallartikeln pro Quadratmeter in der Nähe der Wohngebiete am höchsten (6,03 ± 1,49), gefolgt von der Belastung eines Erholungsgebietes (4,13 ± 4,69) und dem geringsten Abfallnachweis in einem privaten Gelände (0,42 ± 0,34) (Isyrini et al. 2019).

Untersuchungen von Browne et al. (2010) wiesen an den Küstenlinien des Tamar Ästuars in England zahlreiche Makroplastikartikel nach. In 30 Sedimentproben wurden insgesamt 952 Partikel detektiert, sowohl Makro- also auch Mikroplastik. Das gefundene Makroplastik bestand zu 32 % aus PE, zu 28 % aus PP und zu 23 % aus PS. Insgesamt wurde mehr Makroplastik aus expandierten Kunststoffen und geringerer Dichte an windabgewandten Bereichen gefunden. Dieses Muster ergibt sich einerseits aus der Nähe zu dichtbesiedelten Bereichen anhand eines höheren Abfallaufkommens aus Littering und andererseits aus dem Material geringerer Dichte, das auf der Wasseroberfläche schwimmt und so durch Strömungen transportiert werden kann. Der große Anteil von Makroplastik an Abfällen aus Küstenbereichen wird durch die Daten einer internationalen Sammelaktion an weltweit verteilt liegenden Küstenlinien und Wasserstraßen aus dem Jahr 2009 gestützt. Unter den zehn am häufigsten gefundenen Abfallartikeln bestanden sieben aus Kunststoff. Am häufigsten wurden Zigarettenfilter detektiert, gefolgt von Kunststofftüten, Lebensmittelverpackungen, Deckel, Trinkflaschen und Einweggeschirr (Andrady 2015).

Durch Studien in peripheren Küstenbereichen kann zusätzlich die Bedeutung des Transports von Makroplastik und die daraus resultierende Belastung gezeigt werden. In einer zehnjährigen Studie von Convey et al. (2002) wurden die Abfallablagerungen an den Küsten der Inseln im Scotia-Bogen in der Antarktis untersucht, die aus vier größeren Archipelen bestehen. Diese Inseln sind unbewohnt und geografisch isoliert, jedoch von der antarktischen Polarfront umgeben, die die Konvergenz und Divergenz antarktischer und subantarktischer Oberflächenwasser beschreibt (Wyrtki 1960). Über die Akkumulation an den Küstenlinien der Inseln kann auf die Belastung der antarktischen Gewässer geschlossen werden. Aufgrund ihrer Lage repräsentieren sie ideale Standorte, um die globale Abfallverteilung in den Ozeanen zu überwachen. An drei von vier Küsten der Inselgruppen wurden Abfälle gefunden, deren Großteil wahrscheinlich durch Sturmfluten dorthin transportiert wurde. Häufige Materialien waren Kunststoffflaschen und -seile sowie weitere Produkte aus Kunststoff. In Bezug auf die

Herstellung dieser Produkte konnten die Länder Argentinien, Chile und Japan identifiziert werden. Da auch zahlreiche Fischereiutensilien detektiert wurden, kann davon ausgegangen werden, dass es sich um land- und ozeanbasierte Quellen handelt. Über 70 % aller gefundenen Materialien waren anthropogenen Ursprungs und zwischen 29,8 % und 95 % Kunststoff. Insgesamt ermöglicht die Verdriftung von Makroplastik auch eine Akkumulation in peripheren und geschützten Territorien.

Marine Sedimente – Der Meeresboden

Zur Makroplastikbelastung mariner Sedimente gehört neben der Akkumulation in Küstenbereichen auch die Akkumulation auf dem Meeresboden. Unterhalb der lichtdurchfluteten Zone der Ozeane degradiert Makroplastik nur sehr langsam, was die Anreicherung auf dem Meeresboden begünstigt (Andrady 2015). In Bezug auf die Anzahl sind 90 % aller auf dem Meeresboden detektierten Abfälle aus Kunststoff (Galgani et al. 2015).

▶   Insgesamt kann der Meeresboden als eine finale Senke für Makroplastik angesehen werden.

Abb. 4.2 zeigt Makroplastik auf dem Meeresboden am HAUSGARTEN Observatorium in der Arktis (a) und im Südchinesischen Meer (b).
    Die tiefste Detektion von Makroplastik auf dem Meeresboden wurde 1998 in einer Tiefe von 10.898 m fotografisch aufgenommen und zeigt eine

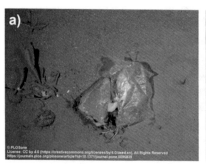 

Abb. 4.2 Makroplastikakkumulation auf dem Meeresboden (**a** Ausschnitt aus Pham et al. 2014. **b** Ausschnitt aus Peng et al. 2019)

Kunststofftüte (JAMSTEC 2019). Eine Datenübersicht von Abfällen in der Tiefsee, die Fotos und Videos sowie Informationen über das Material, die Tiefe und den Bereich der Aufnahme und den Meeresboden enthält, ist mit 3647 Abfallartikeln (Stand Januar 2020) online verfügbar (JAMSTEC 2019).

Eine Übersicht der Makroplastikakkumulation auf dem Meeresboden gibt Tab. 4.2. Eine Studie aus dem Jahr 1996 zeigte bereits detektierte Abfälle in marinen Sedimenten im nordwestlichen Mittelmeer (Galgani et al. 1996). An den meisten Probenahmestandorten waren anteilig an den Abfällen mehr als 70 % Makroplastik (Kunststofftüten) mit den höchsten Abfallmengen in Tiefen über 500 m. In Proben auf dem Meeresboden entlang der europäischen Küsten, die zwischen 1992 und 1998 genommen wurden, bestand innerhalb der gesamten Abfallmenge ebenfalls mit über 70 % der Großteil aus Kunststoffen (Galgani et al. 2000).

Pham et al. (2014) ermittelten in Bezug auf Abfälle am Meeresgrund innerhalb des Atlantiks, des Mittelmeers und der Arktis Zusammenhänge zwischen der Belastung und der Morphologie des Meeresbodens. Dies wurde durch Probenahmen und Bildgebungstechnologien an 32 Standorten untersucht. Den größten Anteil der Abfälle am Meeresgrund stellten in Bezug auf die Anzahl Kunststoffe dar. Aufgeteilt auf die verschiedenen physiografischen Untersuchungsbereiche war die Belastung mit Kunststoffen entlang der Kontinentalschelfe und an den submarinen Canyons am größten. An den Kontinentalhängen und innerhalb der Tiefseebecken war die Belastung mit Kunststoffen und Ziegelsteinen (Klinker)

Tab. 4.2 Makroplastikanteile an der Abfallanzahl und Merkmale zur Akkumulation auf dem Meeresboden. (Eigene Darstellung)

Makroplastik	Merkmale	Lokalisierung	Referenz
70,6 %	– Davon 70 % Kunststofftüten – Vorwiegend Tüten und Flaschen	Nordwestliches Mittelmeer	Galgani et al. (1996)
70 %	– Vorwiegend Tüten und Flaschen	Europäische Küstenlinie	Galgani et al. (2000)
–	– Größte Belastung entlang Kontinentalschelfe und submariner Canyons	Atlantik, Mittelmeer, Arktis	Pham et al. (2014)
33 %	– Davon 89 % Einwegkunststoffe	Tiefsee (Pazifischer, Atlantischer, Indischer Ozean)	Chiba et al. (2018)
55 %	– Davon 60 % Einwegkunststoffe – Vorwiegend Kunststofffragmente	Mittelmeer	Consoli et al. (2020)

ungefähr gleich. Die Meeresrücken, Tiefseeberge, -bänke und -hügel waren größtenteils durch Fischereiausrüstung verschmutzt.

Eine umfassende Studie führten Chiba et al. (2018) in einem Zeitraum von 30 Jahren über *plastic debris* in der Tiefsee des pazifischen, atlantischen und indischen Ozeans durch. Zur Detektion wurden Foto- und Videoaufnahmen von über 5000 Tauchgängen ausgewertet und es zeigte sich, dass mehr als 33 % aller gefundenen Materialien (3245) zur Kategorie Makroplastik gehörte und 89 % davon Einwegkunststoff war.

Innerhalb eines *citizen science* Programms über die Abfälle am Meeresboden des Mittelmeeres in flachen Küstengewässern wurden zwischen 2011 und 2018 Untersuchungen durchgeführt (Consoli et al. 2020). In diesem Zeitraum fanden unter Bürgerbeteiligung 468 Tauchgänge an 172 Stationen im Mittelmeer statt. Insgesamt wurden 69.104 Abfallartikel detektiert mit einer Konzentration von rund 44 Artikeln pro 100 Quadratmeter. Davon waren 55 % Kunststoffe, die sich aus 33 % Einwegkunststoffen und 22 % Nicht-Einwegkunststoffen zusammensetzten. Neben dem Werkstoff Kunststoff wurden auch Metall (23 %) sowie Glas und Keramik (11 %) gefunden. Die größten absoluten Anteile stellten mit 9,46 % Kunststofffragmente dar, gefolgt von Getränkedosen aus Metall mit 7,45 %, Glas- und Keramikflaschen (6,47 %), Kunststoffflaschen mit einem Volumen < 2 L (6,33 %), *Zigarettenfilter* (5,14 %) und Angelleinen aus Kunststoff (4,96 %). Die Untersuchungen zeigen sowohl den hohen Anteil an Makroplastik als auch an Einwegkunststoffen innerhalb der Meeresabfälle.

4.2   Boden

Neben der Makroplastikakkumulation auf dem Meeresgrund sind vor allem Böden im Rahmen landwirtschaftlicher Aktivitäten einer Akkumulation durch Makroplastik ausgesetzt. Böden unterscheiden sich von Sedimenten durch den fehlenden Materialtransport (Correns 1939).

Die Landwirtschaft

Jährlich wird der weltweite Verbrauch von Kunststoffen im Agrarsektor auf *6,5 Mio. Tonnen* geschätzt (Scarascia-Mugnozza et al. 2011). Alleine in China wurden 2011 1,25 Mio. Tonnen Kunststofffolien auf ungefähr 20 Mio. ha verwendet, die zu einer Ertragssteigerung zwischen 20–60 % geführt haben. Die Nutzung von Kunststofffolien wächst dort jährlich um ungefähr 7 % (Liu et al. 2014). Kunststoffe werden unter anderem als schützende Kultivierungsfolien,

Netze, Leitungen und Verpackungen benutzt. In Europa werden Kunststoffe in der Landwirtschaft hauptsächlich zur Ertragssteigerung und Qualitätsverbesserung der Ernte genutzt. Die Verwendung von Kunststoffen in der Landwirtschaft zeigt zahlreiche Vorteile (Scarascia-Mugnozza et al. 2011):

- Ertragssteigerung
- Qualitätsverbesserung der Produktion
- Verbesserung der klimatischen Anbaubedingungen
- Frühere Ernte
- Reduktion von Pestiziden
- Schutz der Ernte
- Reduktion des Wasserverbrauches
- Optimierung der Bewässerung

Durch diese Vorteile ist die Verwendung innerhalb der Landwirtschaft weit verbreitet. Sogar auf Satellitenbildern ist die flächendeckende Ausbreitung von Kunststofffolien in landwirtschaftlichen Bereichen zu erkennen (Lanorte et al. 2017).

Die größten Flächen für Folienabdeckungen von Gewächshäusern in Europa liegen in Spanien (53.235 ha) und Italien (25.000 ha). Zum Mulchen werden Kunststoffe für Flächen von 120.039 ha (Spanien), 100.000 ha (Frankreich) und 85.000 ha (Italien) verwendet. In Deutschland werden die Flächen für Gewächshäuser mit Kunststoffabdeckungen auf 700 ha geschätzt und Flächen mit Mulchfolien auf 15.000 ha. Die Einträge von Makroplastik aus der Nutzung von Kunststoffen in der Landwirtschaft lassen sich bezüglich der Herkunft auf Nord- und Südeuropa aufteilen. In den südlichen europäischen Ländern erfolgt der Eintrag hauptsächlich in Form von Kunststofffolien aus der Verwendung zum Kultivierungsschutz. In den nördlichen Ländern Europas stammt Makroplastik hauptsächlich von Silofolien und -hüllen (Scarascia-Mugnozza et al. 2011).

Kunststoffmulchfolien bieten durch den direkten Kontakt mit landwirtschaftlichen Böden ein großes Potenzial für den Eintrag von Makroplastik in die Umwelt. Die Folien bestehen hauptsächlich aus PE (Bläsing und Amelung 2018) und PVC (Liu et al. 2014), weshalb es nach der mechanischen Kultivierung zu keiner Degradation der Folien im Boden kommt. Die verbreitete Nutzung ergibt sich aus den Ertragsvorteilen, da die Folien die Bodenwärme stauen und einen Feuchtigkeitsaustritt verhindern. Belastungen durch Rückstände der Folien im Boden wurden in China auf 50–260 kg pro Hektar geschätzt (Liu et al. 2014), in landwirtschaftlichen Flächen im Südosten *Deutschlands* wurden 206 Makroplastikartikel pro Hektar detektiert (Piehl et al. 2018).

Zusätzlich zur direkten Anwendung von Kunststoffen auf landwirtschaftlichen Flächen kommt es auch durch die Kompostdüngung zu Makroplastikbelastungen.

Bläsing und Amelung (2018) quantifizierten basierend auf eigenen Untersuchungen erstmals den möglichen Eintrag von Makroplastik durch die Aufbringung von Kompost in Deutschland. Dabei wurden Kunststoffkonzentrationen zwischen 2,38 bis 180 mg pro Kilogramm Kompost festgestellt.

Die Siedlungsbereiche und die peripheren Regionen

Neben landwirtschaftlichen Böden konnte sowohl in Böden von Siedlungsgebieten als auch in Böden peripheren Regionen eine Belastung mit Makroplastik nachgewiesen werden. In Südost Mexiko wurden in Hausgärten durch die Abfallentsorgung dort $74,4 \pm 20,4$ PE Flaschen und $7,4 \pm 6,5$ andere Makroplastikartikel pro Quadratmeter detektiert (Huerta Lwanga et al. 2017). Hier besteht der Zusammenhang zwischen Siedlungen und einem Makroplastikeintrag durch Abfallentsorgung in der Umwelt. Die Verschmutzung peripherer Regionen durch Makroplastik zeigt darüber hinaus einerseits die Bedeutung der verschiedenen Transportprozesse, die Makroplastik über tausende Kilometer transportieren können (Browne et al. 2010), und andererseits den hohen Einfluss anthropogenen Handelns. Eine Studie im Sagarmatha Nationalpark in Nepal, in welchem der Mount Everest liegt, über die Kontamination der Region mit festen Abfallstoffen zeigte, dass die Hauptverursacher Bergsteiger und Kletterer sind gefolgt von Unterkünften und Hotels. Im Durchschnitt lag die Belastung bei 23 Makroplastikartikeln pro Quadratmeter (Basnet 1993). Auch in Wüsten, wie beispielsweise der Sonora-Wüste im südlichen Arizona, wurde Makroplastik nachgewiesen. In zwei Bereichen wurden dort Konzentrationen von 5,6–35,4 Kunststofftüten und 39,2–62,7 Ballonfolien pro Quadratkilometer detektiert (Zylstra 2013).

4.3   Gestein

Neben der Belastung von Sedimenten und Böden wurde 2014 zum ersten Mal eine feste, abgelagerte Kunststoffschicht auf Gestein nachgewiesen. Am Kamilo Beach auf Hawaii wurden von den Autoren Corcoran et al. (2014) sogenanntes *plastiglomerate* als mehrschichtiges Material aus geschmolzenem Kunststoff, Strandsedimenten, basaltischen Lavafragmenten und Organik definiert. Trotz des vulkanischen Ursprungs Hawaii wurde im vergangenen Jahrhundert keine fließende Lava an den Standorten der detektierten *plastiglomerates* aufgezeichnet. Die Ursache für die Verformung der Kunststoffe am Strand ist die Wärme aus Lagerfeuern und das dadurch bedingte Schmelzen und Wiedererstarren.

2019 und 2020 wurden an zwei weiteren, unterschiedlichen Küstenregionen Kunststoffablagerungen auf Gestein gefunden. Diese Ablagerungen wurden als *plasticrust* bezeichnet und entstehen durch die Verfestigung und anschließende Verkrustung von marinem Makroplastik, welches hydrodynamisch induziert kontinuierlich gegen das Gestein an der Küste stößt. Aufgrund dieser Entstehung und einem kontinuierlichen Eintrag von Makroplastik in die marine Umwelt ist von einer Zunahme dieser Kontamination an den Gesteinen der Küstenbereiche auszugehen. Die Ausdehnung der *plasticrust* ist hinsichtlich Fläche und Farbe variabel. An der Küste Madeiras wurden in der mittleren bis oberen Gezeitenzone Dicken zwischen $0{,}77 \pm 0{,}1$ mm nachgewiesen (Gestoso et al. 2019). *Plasticrust* an der Küste Giglios war in der mittleren Gezeitenzone zwischen 0,5 und 0,7 mm mächtig. Da die maximale Tideamplitude auf Madeira (2,6 m) deutlich höher ist als auf Giglio (0,45 m), konnte ein Zusammenhang zwischen der Verteilung und Gezeitenstärke hergestellt werden. Das Vorkommen von *plasticrust* hängt somit von den Faktoren Makroplastikaufkommen in Küstennähe, Wellenexposition und Tideamplitude ab (Ehlers und Ellrich 2020).

Aufgrund der Flächenbedeckung können *plasticrust* und *plastiglomerate* Makroplastik zugeordnet werden. Abb. 4.3 zeigt *plasticrust* an der Küste

Abb. 4.3 *Plasticrust* detektiert an der Küste Madeiras (**a** Gestoso et al. 2019) und Giglios (**b** Ehlers und Ellrich 2020), *plastiglomerate* an der Küste Hawaiis (**c** Corcoran et al. 2014)

Madeiras (a) und Giglios (b), wobei es sich um PE handelt, und *plastiglomerate* an der Küste Hawaiis (c).

Diese Form der Verschmutzung kann zukünftig als Marker für die epochale Zuordnung des Anthropozäns verwendet werden (Corcoran et al. 2014). Durch die Verteilung in terrestrischen und marinen Bereichen kann Makroplastik somit als stratigrafischer Indikator angewandt werden (Zalasiewicz et al. 2016). Mit den zuvor dargestellten Akkumulationsbereichen in der terrestrischen Umwelt wird insgesamt ein Eintrag von Makroplastik in aquatische Systeme ermöglicht.

Akkumulation von Makroplastik in der aquatischen Umwelt

5

Die Akkumulation von Makroplastik in der aquatischen Umwelt kann als Forschungsbeginn zur Problematik von Makroplastik in der Umwelt angesehen werden und ist Grundlage der ersten themenbezogenen Publikationen (vgl. Carpenter und Smith Jr. 1972; Colton et al. 1974; Kenyon und Kridler 1969). Der Fokus lag zuerst auf der marinen Umwelt und wurde erst später auf die fluvialen Bereiche als Eintragspfade (Lebreton et al. 2017) und limnische Gewässer erweitert. Die Akkumulation von Makroplastik in diesen Bereichen ergibt sich aus den dargelegten, verschiedenen Eintragsquellen und Transportpfaden.

5.1 Fluvial

Flüsse werden als Haupteintragspfad von landbasiertem Makroplastik in die marine Umwelt angesehen (Lebreton et al. 2017; Lechner et al. 2014). Fluviale Systeme sind somit ein zentraler, temporärer Akkumulationspunkt. Für das Jahr 2010 wurde ein weltweiter Eintrag von 4,6 bis 12,7 Mio. Tonnen Kunststoffabfällen über die Flüsse in die Ozeane geschätzt, der auf dem Eintrag von Küstenregionen basiert (Jambeck et al. 2015). Lebreton et al. (2017), deren Modellierungen auf Abfallmanagement, Bevölkerungsdichte und hydrologischen Informationen basieren sowie die Binnenbevölkerung mit berücksichtigen, gehen von einem jährlichen Eintrag zwischen 1,15 bis 2,41 Mio. Tonnen Kunststoffabfällen aus, wobei 74 % des Eintrags zwischen Mai und Oktober erfolgen sollen. Innerhalb der Ergebnisse wurde keine Unterscheidung zwischen Makro- und Mikroplastik vorgenommen. 67 % des *globalen* fluvialen Kunststoffeintrags ist auf 20 Flüsse zurückzuführen, die größtenteils in Asien liegen. Die größte ermittelte Belastung erfolgt durch den Jangtse in China, der jährlich zwischen

310.000 und 480.000 Tonnen Kunststoffabfälle in die Ozeane transportiert. Neben den asiatischen Flüssen (75 %) finden sich 15 % der Fließgewässer in Afrika (Nigeria) und 10 % in Mittel- und Südamerika.

Diese Daten können mit Untersuchungen an 24 Standorten entlang von Flüssen in sieben verschiedenen Ländern in Europa (Italien, Niederlande, Frankreich) und Asien (Vietnam, Indonesien, Thailand, Malaysia) verglichen werden, in welchen der Anteil des transportierten Makroplastiks ermittelt wurde. Die Daten wurden monatlich gemittelt und in Kunststoffartikel pro Stunde angegeben. Dabei sind die gemittelten Werte für Südostasien am höchsten (1000–10.000 Makroplastikartikel pro Stunde) und liegen deutlich über denjenigen für Europa (100–1000), was sich durch die starke Belastung der Flüsse in Indonesien und Vietnam ergibt. Die vorwiegend vorkommenden Polymere sind in Europa Polyolefine (PO, dazu gehören PE-HD, PE-LD, PP), gefolgt von EPS, PS und PET. In Südostasien sind die Anteile an EPS und PET höher, an PO und PS hingegen niedriger (van Calcar und van Emmerik 2019).

Neben globalen und länderübergreifenden Schätzungen wurden auch einzelne Fließsysteme analysiert. So untersuchte van Emmerik et al. (2019) die Saisonalität von fluvialem Makroplastik (hier > 5 cm). Dazu wurden zahlreiche Proben im Saigon Fluss in Vietnam entnommen. 88,1 % des gefundenen Makroplastiks wurde in den oberen 0,5 m der Wassersäule detektiert. Insgesamt wurde für 2018 ein Austrag von Makroplastik über den Saigon Fluss in den oberen 1,3 m der Wassersäule von 1100 Tonnen Makroplastik geschätzt. Davon wurden 21 % im Dezember und zwischen Juli und August nur 4 % transportiert. Es ist somit eine deutliche Saisonalität zu erkennen. Bezüglich der vorwiegend auftretenden Polymere stellt EPS den größten Anteil der Stückzahl dar, hinsichtlich der Masse weiche PO.

Im Vergleich dazu wurde für die Donau basierend auf Beprobungen ein Kunststoffeintrag in das Schwarze Meer von 4,2 Tonnen *täglich* kalkuliert und somit ein jährlicher Eintrag von 1533 Tonnen. Lechner et al. (2014) detektierten dabei auch Mikroplastik in Form von Pellets, Kugeln und Fragmenten, die anteilig an der Masse zwischen 12 % und 38,4 % ausmachten. Eine Studie entlang der Seine fand innerhalb der durch den Fluss transportierten Abfälle anteilig 0,8–5,1 % Kunststoffe. Zur Detektion der Abfälle, die größtenteils aus PP und PE bestanden, wurden Auffangstationen verwendet, wodurch ein jährlicher Transport von 22 bis 36 Tonnen Kunststoff in der Seine ermittelt wurde (Gasperi et al. 2014). Für den *Rhein* wurde ebenfalls der Makroplastiktransport anhand von Beprobungen bestimmt. Das ermittelte Volumen liegt bei 1,3–9,7 kg pro Tag, was zu einem jährlichen Transport von 0,5 bis 3,5 Tonnen Makroplastik führt. Pro Stunde entspricht das 10–75 Makroplastikartikeln (Vriend et al. 2020). Im Vergleich zu den Flüssen mit den höchsten Kunststoffeinträgen sind die Belastungen von Donau, Seine und Rhein als deutlich geringer zu bewerten. Dennoch wird auch in Europa Makroplastik in Fließgewässer eintragen und führt zu einer Umweltbelastung.

Entlang des Paraná in Argentinien, der einer der größten Flüsse weltweit ist, wurde eine hohe Konzentration von Makroplastik aus häuslichen Quellen detektiert mit einer Belastung von bis zu 5,05 Makroplastikartikeln pro Quadratmeter. Auch hier wurden vorwiegend PE-HD und PE-LD (Kunststofftaschen), PP und PS (Lebensmittelverpackungen), EPS (Schaumstoffe) und PET (Kunststoffflaschen) nachgewiesen (Blettler et al. 2019). Diese Ergebnisse gleichen hinsichtlich der Polymere und der Produktart den Ergebnissen anderer Fließgewässer.

Zusammenfassend zeigt Abb. 5.1 die Übersicht der 20 weltweit am stärksten durch Kunststoffe verschmutzten Flüsse und ihren jährlichen mittleren Eintrag in die Ozeane, welche anhand von Modellen ermittelt wurden. Zusätzlich sind beispielhaft anhand von Beprobungen ermittelte Einträge von Makroplastik in Tonnen pro Jahr vorwiegend aus Europa dargestellt.

Fließgewässer	Land	Ermittelter mittlerer Kunststoffeintrag [t/a] Modellierungen
Jangtse	China	333.000
Ganges	Indien, Bangladesch	115.000
Xi	China	73.900
Huangpu	China	40.800
Cross	Nigeria, Kamerun	40.300
Brantas	Indonesien	38.900
Amazonas	Brasilien, Peru, Kolumbien, Ecuador	38.900
Pasig	Philippinen	38.800
Irrawaddy	Myanmar	35.300
Solo	Indonesien	32.500
Mekong	Thailand, Kambodscha, Laos, China, Myanmar, Vietnam	22.800
Imo	Nigeria	21.500
Dong	China	19.100
Serayu	Indonesien	17.100
Magdalena	Kolumbien	16.700
Tamsui	Taiwan	14.700
Zhujiang	China	13.600
Hanjiang	China	12.900
Progo	Indonesien	12.800
Kwa Ibo	Nigeria	11.900

Asien ▪ Afrika ▪ Mittel- / Südamerika

Fließgewässer	Land	Ermittelter mittlerer Kunststoffeintrag [t/a] Beprobungen
Donau	Deutschland, Österreich, Slowakei, Ungarn, Kroatien Serbien, Bulgarien, Rumänien, Moldawien, Ukraine	1.533
Saigon	Vietnam, Kambodscha	1.100
Seine	Frankreich	29
Rhein	Schweiz, Österreich, Frankreich, Deutschland, Niederlande	2

▪ Asien ▪ Europa

Abb. 5.1 Modellierter jährlicher mittlerer Kunststoffeintrag über die 20 am stärksten verschmutzten Flüsse weltweit in die Ozeane und jährlicher Kunststoffeintrag von Beispielgewässern ermittelt anhand von Beprobungen. (Nach Lebreton et al. 2017; van Emmerik et al. 2019; Lechner et al. 2014; Gasperi et al. 2014; Vriend et al. 2020)

Modellierte Szenarien zeigen weiterhin, dass auch zukünftig der Großteil (91 %) von Kunststoffabfällen, die nicht sachgemäß entsorgt werden, über Wassereinzugsgebiete (> 100 Quadratkilometer) transportiert wird, wodurch der Zusammenhang zwischen Fracht und Einzugsgebietsgröße deutlich wird. Die Kunststofffracht wird dabei besonders im afrikanischen und asiatischen Kontinent unverhältnismäßig hoch sein. Die Szenarien legen somit dar, dass Fließgewässer der Haupteintragspfad für Kunststoffabfälle in die Ozeane bleiben werden (Lebreton und Andrady 2019).

5.2 Limnisch

Seen sind als Standgewässer definiert, die vollständig von Land umgeben sind, aber Zu- und Abflüsse durch Fließgewässer besitzen können (Meyer 2017). Die Anzahl der Studien zu Angaben und Untersuchungen von Makroplastik auf der Wasseroberfläche von Seen ist derzeit noch sehr gering. Der Fokus liegt häufiger auf Akkumulationen von Makroplastik in Uferbereichen (siehe Abschn. 4.1 Sediment). Weiterhin entwickelt sich in Süßwasserseen – besonders in warmen Jahreszeiten – ein Biofilm auf der Oberfläche von Kunststoffabfällen, der dazu führt, dass ein Großteil absinkt (Chen et al. 2019) und somit Einfluss auf die Belastung der Wasseroberfläche mit Makroplastik nimmt.

Aufgrund der dargestellten Eintragspfade von Makroplastik und vor allem dem Transport über Verdriftung ist auch von einer Belastung limnischer Gewässer mit Makroplastik auszugehen. Ist ein fluvialer Zufluss vorhanden, kann auch darüber Makroplastik eingetragen werden. Besitzt der See keinen Abfluss, sind eingetragene Materialien, wie Makroplastik, eingeschlossen und können dort akkumulieren. Ein Beispiel hierfür ist das Kaspische Meer, der größte See welt-weit, an dessen Ufern zahlreiches Makroplastik gesammelt wurde (Ghaffari et al. 2019).

Neben der dargestellten Belastung limnischer Sedimente konnte Makroplastik vereinzelt auch auf der Wasseroberfläche nachgewiesen werden. Von Faure et al. (2015) wurden sechs Seen in der Schweiz untersucht und im Mittel 1800 Makroplastikartikel pro Quadratkilometer an der Wasseroberfläche detektiert. Neben den Beprobungen wurde zusätzlich für den Genfersee ein Eintrag von 55 Tonnen Kunststoffe pro Jahr modelliert (Boucher et al. 2019).

Insgesamt kann basierend auf der starken Belastung der Uferbereiche von Seen angenommen werden, dass die Wasseroberfläche nur ein temporärer Sammelpunkt für Makroplastik ist und dieses sich hauptsächlich am Ufer akkumuliert. Ein Weitertransport kann lediglich durch Verdriftung erfolgen oder über einen möglichen Abfluss des Sees. Zusätzlich kann Makroplastik auf dem Seeboden sedimentieren, der somit als Senke zu bezeichnen ist.

5.3 Marin

Kunststoffe stellen den größten Anteil an schwimmenden Meeresabfällen dar (Galgani et al. 2015) und entsprechen anteilig ungefähr 75 % (Pieper et al. 2019). Die Produktionsanteile und Dichten der Kunststoffe (siehe Abb. 3.2) zeigen weiterhin, dass besonders Kunststoffe mit einer niedrigeren Dichte als Salzwasser (PP, PE-LD, PE-HD) einen großen Anteil haben und bei einem Eintrag in marine Bereiche auf der Wasseroberfläche schwimmen und dort akkumulieren. Zusätzlich können sie in Küstenbereiche transportiert werden oder aufgrund von Dichteveränderungen zum Meeresboden absinken. Die Dichteveränderungen können durch Biofouling oder das Austreten von Additiven hervorgerufen werden (Galgani et al. 2015). Biofouling bezeichnet auf der Kunststoffoberfläche die Akkumulation von Organismen unter der Wasseroberfläche, was die Hydrophobie und den Auftrieb von Kunststoffen beeinflusst (Kooi et al. 2017).

Bereits 1980 wurde auf die Problematik einer akuten Akkumulation von Makroplastik in der marinen Umwelt hingewiesen, die zu dem Zeitpunkt schon zu einer der häufigsten Umweltverunreinigungen gezählt wurde (Morris 1980). Die Akkumulation von Makroplastik in marinen Bereichen ergibt sich aus landbasierten und ozeanbasierten Quellen (vgl. Tab. 3.1). Zu den landbasierten Quellen zählen die in Kap. 4 aufgeführten Entstehungsmöglichkeiten, von wo Makroplastik in Fließgewässer eingetragen werden kann und über diese in die Ozeane gelangt. Zu den ozeanbasierten Quellen zählen vorwiegend Abfälle von Schiffen und Fischereiaktivitäten. Die Strömungen in den Ozeanen beeinflussen den Transport an der Wasseroberfläche und sorgen für eine *weltweite Durchmischung,* sodass beispielsweise auch Abfälle aus Asien vermehrt in atlantischen Bereichen nachgewiesen wurden (Ryan et al. 2019).

▶ Durch das Monitoring von schwimmenden Abfällen können Beiträge zu einem verbesserten Management der Abfallströme und somit zum Schutz der marinen Umwelt geleistet werden (Galgani et al. 2015).

In den ersten wissenschaftlich publizierten Studien zur Belastung der marinen Umwelt mit Makroplastik untersuchten Carpenter und Smith Jr. (1972) die Wasseroberfläche der Sargassosee und detektierten Konzentrationen von 3500 Partikeln und 290 g pro Quadratkilometer. Als Quelle für die

Verschmutzung wurden Abfälle aus Städten oder von Fracht- oder Passagierschiffen vermutet, weshalb auf eine Zunahme der Verschmutzung durch den Produktionsanstieg und das Abfallmanagement hingewiesen wird. Colton et al. (1974) untersuchten die Wasseroberfläche des nordwestlichen Atlantiks. Trotz der vorwiegenden Detektion von Mikroplastik in Form von Kunststoffkugeln konnten auch Bruchstücke $\geq$ 5mm nachgewiesen werden. Die mittlere Belastung lag bei 77,7 g Kunststoff pro Quadratkilometer.

In umfassenden Untersuchungen zu schwimmenden Abfällen (>2 cm) im Mittelmeer wurden die Ergebnisse in natürliche oder anthropogene Quellen unterteilt. Dabei waren 78 % anthropogenen Ursprungs, wovon 95,6 % Kunststoffe waren. Anhand der Ergebnisse wurde eine Belastung des Mittelmeers mit 62 Mio. Makroabfallartikeln kalkuliert (Suaria und Aliani 2014). Der Makroplastikanteil an schwimmenden Meeresabfällen zeigt sich in verschiedenen Studien entsprechend hoch und variiert zwischen 68 % und 98,8 % (Galgani et al. 2015).

Für die gesamte, weltweite Belastung der Ozeane mit Makroplastik wurde basierend auf Ergebnissen von Expeditionen und Modellen Anzahl und Gewicht berechnet. Hierfür wurden 24 Expeditionen im Zeitraum zwischen 2007–2013 durchgeführt, wovon bei 680 Probenahmen 891 größere Kunststoffe detektiert wurden. Das herangezogene ozeanografische Modell wurde mit diesen Daten kalibriert und zusätzlich für eine vertikale windbedingte Vermischung der Wasseroberfläche korrigiert. Die Ergebnisse sind in Tab. 5.1 mit Angaben zu Anzahl und Gewicht von Makroplastik dargestellt, allerdings wird hier die Größenklassifizierung von 4,76-200 mm und >200 mm für die Evaluierung von Makroplastik verwendet (Eriksen et al. 2014). Makroplastik, das weltweit auf der Wasseroberfläche der Ozeane schwimmt, wird auf eine Stückzahl von 389,9 Milliarden geschätzt mit einem Gewicht von 233.460 Tonnen. Die größte

Tab. 5.1 Schwimmendes Makroplastik in den Ozeanen weltweit angegeben in Anzahl und Gewicht. (Nach Eriksen et al. 2014)

Gewässer	Anzahl [n]		Gewicht [t]
Nordpazifik	135.000	Millionen	84.300
Nordatlantik	75.000	Millionen	51.220
Südpazifik	45.000	Millionen	18.680
Südatlantik	24.500	Millionen	11.240
Indischer Ozean	94.000	Millionen	51.660
Mittelmeer	16.400	Millionen	16.360
Gesamt	389.900	Millionen	233.460

Belastung zeigt sich im Nordpazifik mit einem Anteil von 34,6 % bezüglich der Anzahl an Makroplastik und in Bezug auf das Gewicht einem Anteil von 36,1 % an der weltweiten Gesamtbelastung.

Nach Lebreton et al. (2019) ist von einer signifikanten Zeitspanne auszugehen, die zwischen der terrestrischen Emission von Makroplastik und der repräsentativen Akkumulation in küstennahen Gewässern liegt. Diese Zeitspanne umfasst mehrere Jahre bis hin zu Jahrzehnten.

▶   Weiterhin konnte festgestellt werden, dass derzeitiges sekundäres Mikroplastik in den Ozeanen zum Großteil durch Degradation von Makroplastik, das 1990 und früher produziert wurde, entstanden ist.

Es kann davon ausgegangen werden, dass 99,8 % des Makroplastiks, das seit 1950 in die Umwelt eingetragen wurde und sich zunächst an der Meeresoberfläche befand, zu Mikro- und Nanoplastik degradiert und fragmentiert ist und sich anschließend unter der Wasseroberfläche akkumuliert (Koelmans et al. 2017a).

Die Akkumulationsbereiche von Makro- und auch Mikroplastik in den Ozeanen sind in den *garbage patches* wiederzufinden, die sich auf fünf Zonen mittig der Ozeane um den 30° Breitengrad und abseits von stark turbulenten Bereichen befinden (Dobler et al. 2019). Durch die Konvergenz der Oberflächenströmungen sammeln sich die Abfälle in der Nähe der Oberfläche in diesen Akkumulationsbereichen und verweilen dort über Jahrzehnte bis hin zu Jahrtausenden. Modellierungen unter Berücksichtigung saisonaler Kreisläufe innerhalb der Ozeane konnten insgesamt sechs *garbage patches* identifizieren. Diese wurden jeweils in den fünf subtropischen Becken und zusätzlich in der bisher nicht untersuchten Barentssee lokalisiert (Van Sebille et al. 2012). Die größte Akkumulation findet im Nordpazifik statt und stimmt somit mit den Berechnungen von Eriksen et al. (2014) überein.

Problematik von Makroplastik in der Umwelt

6

Die Darstellung der Anreicherung von Makroplastik in den verschiedenen terrestrischen und aquatischen Bereichen in der Umwelt hat gezeigt, dass eine Belastung mittlerweile fast überall vorliegt. Die anthropogen bedingte Präsenz von Makroplastik in der Umwelt ist somit als Kontamination zu bezeichnen (Borja und Elliott 2019). Doch warum ist Makroplastik in der Umwelt überhaupt ein Problem?

Zunächst ist davon auszugehen, dass Makroplastik in der Umwelt aufgrund der Persistenz des Werkstoffs kontinuierlich akkumuliert. Durch diesen Prozess kann es zu Folgen kommen, die in direkte und indirekte Folgen unterteilt werden können (nach Basnet 1993). Direkte Folgen sind vor allem sozioökonomische Folgen, die Beeinträchtigung menschlicher und tierischer Gesundheit und der Verlust von Ästhetik. Indirekte Folgen sind vorwiegend Langzeitfolgen. Hierzu zählen die Veränderungen des Ökosystems, was wiederum Einfluss auf die Sozioökonomie und die Nachhaltigkeit einer Region nimmt. Angewandt auf die Akkumulation von Makroplastik in der Umwelt werden nachfolgend die direkten und indirekten Folgen aufgeführt.

6.1 Direkte Folgen

Durch die Akkumulation von Makroplastik in der Umwelt bedingt werden direkte Auswirkungen deutlich, die anhand der Interaktion mit Fauna und des Ästhetik-verlusts beschrieben werden.

Interaktion mit Fauna

Die direkten Folgen von Makroplastik in der Umwelt lassen sich in Bezug auf die Interaktion mit Lebewesen in drei Punkte unterteilen (Kühn et al. 2015):

- Verstrickung
- Ersticken
- Aufnahme

Die erste Studie zur Aufnahme von Kunststoffen durch Lebewesen wurde bereits 1969 veröffentlicht (Kenyon und Kridler 1969). Dazu wurden auf den Hawaiianischen Inseln 100 verendete Albatrosse untersucht. Von den 91 Tieren, die unverdauliches Material in ihren Mägen enthielten, wurde Kunststoff in den Mägen von 74 Tieren nachgewiesen mit einem durchschnittlichen Volumen von 2 g Kunststoff pro Vogel. Aufgrund des fälschlicherweise als Nahrung aufgenommenen Kunststoffs, der sich als unverdauliches Material im Magen anreicherte, wurde die weitere Nahrungsaufnahme unterbunden. Weiterhin konnten Untersuchungen im Golf von Mannar (Indien) die Auswirkungen der Ablagerung mariner Abfälle, mit dem größten Anteil an Fischereinetzen (Makroplastik), auf Korallen zeigen. Eine geschätzte Fläche von 1152 Quadratmetern des Korallenriffs ist durch Abfallablagerungen beeinträchtigt, die zur Fragmentierung und zum Gewebeverlust der Korallen führen (Patterson Edward et al. 2020).

Insgesamt hat sich seit 1997 die Anzahl der Tierarten innerhalb aller Gruppen von Wildtieren, die durch Verstricken oder die Aufnahme von Kunststoffen beeinträchtigt worden sind, von 267 auf 557 verdoppelt. Für Meeresschildkröten ist der Anteil von betroffenen Spezies auf 100 % angestiegen, für Meeressäugetiere auf 66 % und für Seevögel auf 50 % (Kühn et al. 2015).

Ästhetikverlust

Der Verlust von Ästhetik als direkte Folge ist durch die Akkumulation von Makroplastik in der Umwelt gegeben (Koelmans et al. 2017b). Besonders Tourismusregionen, deren Attraktivität auf einer natürlichen Umgebung in einem sauberen Zustand basiert, sind aufgrund zahlreicher Besucher mit Littering und den daraus resultierenden Abfällen konfrontiert. Die weiterführende Entwicklung lässt sich vereinfacht anhand des Destinationslebenszyklusmodells von Butler darstellen (Butler 1980). Das Modell unterteilt den Lebenszyklus jeder Destination in die Phasen der Entdeckung, Involvierung, Entwicklung, Konsolidierung und Stagnation mit dem Abschluss der Erneuerung oder des Verfalls, wie Abb. 6.1 zeigt. Dort ist neben der Abbildung der Entwicklungsphasen auch die Auswirkung einer tourismusinduzierten Makroplastikakkumulation markiert.

Die Phasen stehen dabei in Abhängigkeit zur Anzahl der Touristen. Mit der Abfallzunahme durch eine steigende Anzahl an Touristen stellt sich auch die Frage nach der Entsorgung. In Folge einer nicht fachgerechten Erfassung und Entsorgung und zusätzlichem Littering durch die Touristen kann es zu einer Anreicherung von Makroplastik in der Umwelt kommen. Die Darlegung der Akkumulation von Makroplastik hat bereits gezeigt, dass Makroplastik einen Großteil an Abfällen in der Umwelt darstellt. Zusätzlich gibt es eine Korrelation zwischen der Touristenanzahl und der Menge an Kunststoffabfällen (Masó et al. 2003).

Nach der Erschließungsphase einer Tourismusregion (Entdeckung und Involvierung) mit anschließender Entwicklung und Wachstum folgt mit der Zunahme der Touristen die Konsolidierungsphase. Diese Phase ist als kritische Phase zu bezeichnen, in der die Tragfähigkeit der Region unter der Anzahl der Touristen entschieden wird. Die Tragfähigkeit bezeichnet hier die Anzahl an Touristen, die eine Region aufnehmen kann, bevor es zum Verfall dieser Region

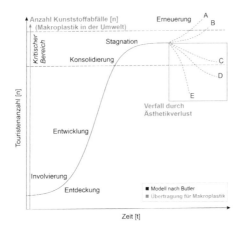

Abb. 6.1 Destinationslebenszyklusmodell nach Butler unter Berücksichtigung der tourismusinduzierten Makroplastikakkumulation in der Umwelt. (Eigene Darstellung nach Butler 1980)

kommt. Der Konsolidierungsphase schließt sich eine Stagnation der Besucher-
zahlen an, der je nach Handlung der ansässigen Bevölkerung und Politik verschiedene Entwicklungen folgen. Diese belaufen sich entweder auf eine
Erneuerung der Region, eine Stabilisierung oder einen Verfall.

In Ozeanien wurde bereits in den 1970er Jahren auf schädliche Auswirkungen
mit ökologischen und soziologischen Folgekosten hingewiesen, die durch eine
Touristenzunahme entstehen können. Als Ursache wurde die Abfallentsorgung
besonders in küstennahen Bereichen genannt. Marine Abfälle wurden dabei als
Beeinträchtigung der visuellen und ästhetischen Sensitivität für Touristen und
für die lokale Bevölkerung unter dem Hinweis auf ein mögliches Gesundheitsrisiko deklariert. Insgesamt wurde mit der Zunahme touristischer Aktivitäten
eine Verstärkung von Littering festgestellt (Gregory 1999). Wird das touristische
Potenzial, was häufig die Natur impliziert, durch Makroplastikakkumulation verschmutzt, kann dieses somit ausgeschöpft und die Region für den Tourismus
uninteressant werden. Der direkten Folge des Ästhetikverlusts schließt sich somit
die indirekte ökonomische Langzeitfolge eines Attraktivitätsverlustes und eines
Rückgangs des Tourismus an, der entsprechend ökonomische Auswirkungen
für Region und Bevölkerung hat. Einer solchen Entwicklung können politische
Handlungen, wie beispielsweise organisierte Aufräumaktionen (Basnet 1993)
oder Restriktionen in Bezug auf die jährliche Anzahl an Touristen, entgegen-
wirken.

6.2   Indirekte Folgen

Zu den indirekten Folgen zählen die Langzeitfolgen, die durch Makroplastik in
der Umwelt induziert werden. Hier ist meistens ein Prozess, wie Anlagerung oder
Auswaschung, vorgeschaltet und somit keine direkte Auswirkung beschrieben.
Trotz der bereits nachgewiesenen hohen Mengen an Makro- und auch Mikroplastik in der Umwelt wurde bisher keine Schwellenwertkonzentration definiert,
die zu Risiken und Effekten führt (Koelmans et al. 2017b). Dennoch können
einige Beispiele für potenzielle Langzeitfolgen aufgeführt werden.

Interaktion mit Flora

Schwimmende Kunststoffabfälle in der marinen Umwelt können als potenzieller
Vektor für das Wachstum und die Ausbreitung von Mikroalgen (Masó et al.
2003) und Bakterien (Carpenter und Smith Jr. 1972) dienen. Dies geschieht

durch den Transport von Makroplastik innerhalb mariner Bereiche. Zettler et al. (2013) wiesen auf marinen Kunststoffabfällen im Nordatlantik eine Vielfalt an Mikroben nach, deren Lebensraum von ihnen als *plastisphere* bezeichnet wurde. Die Kunststoffe dienen somit als neues, ökologisches Habitat auf offener See. Die Besiedlung durch Mikroben fördert darüber hinaus auch den Abbau von Kunststoffen.

Eine weitere Interaktion von Makroplastik und Flora in der terrestrischen Umwelt ist durch Kunststoffmulchfolien nachgewiesen. Neben den bereits genannten positiven Folgen (siehe Abschn. 4.2) ergeben sich auch Negativfolgen, die in diesem Kapitel aufgrund der Zugehörigkeit als Umweltproblematik aufgeführt werden. Am Beispiel der Weizenpflanzen konte gezeigt werden, dass durch Folienreste sowohl der ober- als auch unterirdische Teil der Pflanze während des vegetativen und reproduktiven Wachstums beeinflusst wird (Qi et al. 2018). Weiterhin kann durch Makroplastik in landwirtschaftlichen Böden allgemein eine verminderte Keimung der Saat oder eine Beeinträchtigung des Wurzelwachstums hervorgerufen werden (Scarascia-Mugnozza et al. 2011).

Zersetzung von Makro- zu Mikroplastik

Wie innerhalb der Eintragspfade bereits beschrieben, fördert Makroplastik in der Umwelt die Entstehung von Mikroplastik, was im Hinblick auf die indirekten Folgen einen weiteren Aspekt darstellt. Besonders Küstenbereiche sind durch UV-Strahlung und die mechanische Beanspruchung durch die Wellenbewegung Bereiche, die zu Degradation und Fragmentierung von Makroplastik führen (Kalogerakis et al. 2017). Einen Überblick über die Zersetzungsprozesse innerhalb der Umwelt, die auf Makroplastik einwirken, ist in Tab. 6.1 dargestellt. Die Prozesse und Antriebsfaktoren werden dabei physikalischen, chemischen und

Tab. 6.1 Zersetzungsprozesse zur Degradation und Fragmentierung von Makro- zu Mikroplastik. (Nach Fath 2019)

Kategorie	Prozess	Antriebsfaktor
Physikalisch	– Mechanisch – Thermisch	– Wellenbewegung – Brand
Chemisch	– Fotochemisch – Oxidativ – Hydrolytisch	– UV-Strahlung – Sauerstoff – Wasser
Biologisch	– Bakteriell	– Mikroben

biologischen Eigenschaften zugeteilt. Durch eine Kombination der Prozesse, was in der Umwelt nahezu überall gegeben ist, wird die Entstehung von Mikroplastik zusätzlich begünstigt (Song et al. 2017).

Obwohl die gesundheitlichen Folgen von Mikroplastik für die verschiedenen Organismen noch nicht ausreichend untersucht worden sind, konnte bereits nachgewiesen werden, dass sich an Mikroplastik Schadstoffe anlagern können und aufgrund der geringeren Größe des Mikroplastiks im Vergleich zu Makroplastik eine Aufnahme durch Organismen erleichtert wird (Chen et al. 2017).

Schadstoffanlagerung

Bei der Anlagerung von Schadstoffen an Makro- und Mikroplastik handelt es sich unter anderem um persistente organische Schadstoffe (POPs, *persistent organic pollutants*). POPs bezeichnen synthetische organische Verbindungen, die teilweise hoch toxisch sind und endokrine (hormonwirksame) Störungen hervorrufen sowie mutagen (erbgutverändernd) und karzinogen (krebserzeugend) sein können. Zusätzlich sind sie chemisch stabil und daher in der Umwelt und von Organismen schwer abzubauen. Durch lipophile Eigenschaften können sie sich innerhalb der Nahrungskette anreichern. Bei Untersuchungen zu Interaktionen von POPs und der marinen Umwelt wurde festgestellt, dass Kunststoffabfälle dort generell als Akkumulationspunkt für POPs anzusehen sind (Rios et al. 2007).

POPs können aus Landwirtschaft, Verbrennungsprozessen, industrieller Fertigung, illegaler Abfallverbrennung und Wiedereinleitungen von Oberflächenwasser sowie kontaminierten Sedimenten und Böden stammen und in die Umwelt eingetragen werden, wo sie sich an Kunststofffragmenten anlagern können. Forschungsarbeiten zu Kunststoffabfällen im *garbage patch* des Nordpazifiks, auch als *great pacific garbage patch* bezeichnet, haben dies bestätigt. Makroplastik adsorbierte dort Schadstoffe aus der aquatischen Umwelt und konzentrierte diese auch. Auf den Kunststoffen wurden polychlorierte Biphenyle (PCB), chlorierte Pestizide und polyzyklische aromatische Kohlenwasserstoffe (PAK) nachgewiesen, die sowohl als karzinogen als auch endokrin wirksam eingestuft sind (Rios et al. 2010).

Auswaschung von Additiven und Chemikalien

Neben der Anlagerung von Schadstoffen an Kunststoffen können auch *Additive* und Chemikalien durch Umwelteinflüsse herausgelöst werden. Allgemein werden Additive in drei Kategorien unterteilt:

- Verarbeitungsadditive
- Gebrauchsadditive
- Füllstoffe

Verarbeitungsadditive werden innerhalb der Kunststoffproduktion zur Prozessoptimierung angewandt, wohingegen Füllstoffe als günstiges Substitut verwendet werden. Gebrauchsadditive können die Kunststoffeigenschaften entsprechend der Nutzungsanforderungen anpassen (Mellen und Becker 2018).

Nach einem Eintrag in die Umwelt können solche Additive, wie beispielsweise Nonylphenol (NP) und Bisphenol A (BPA), ausgewaschen werden (Koelmans et al. 2014). Bereits 1972 wurde nach der Detektion von Makroplastik in der marinen Umwelt auf den Austrag von Weichmachern und die daraus resultierende Aufnahme durch marine Organismen hingewiesen (Carpenter und Smith Jr. 1972). Der Eintrag von Additiven in die Umwelt und die Kontamination der Umweltmedien Boden, Luft und Wasser kann über verschiedene Prozesse stattfinden (Hahladakis et al. 2018). Weitere Untersuchungen betreffen besonders die Auswaschung von Additiven und den daraus resultierenden Eintrag in Böden (Steinmetz et al. 2016).

Aufgrund der Materialpersistenz besteht die Möglichkeit der Freisetzung von bereits verbotenen und nicht mehr verwendeten Additiven innerhalb der Umwelt. Durch die Europäische Kommission verboten sind beispielsweise (Maier und Schiller 2016):

- Azodicarbonsäurediamid (ADC) speziell für Materialien im Lebensmittelbereich seit 2005
- Flammschutzmittel Octa- und Pentabromdiphenylether sowie kurzkettige Chlorparaffine seit 2004
- Schwermetallhaltige Biozide für Materialien in *marinen Anwendungen* *weltweit*

So wurden bei Untersuchungen im *great pacific garbage patch* innerhalb der Abfälle die Flammschutzmittel polybromierte Diphenylether (PBDE) und Hexabromcyclododecan (HBCD) detektiert (Chen et al. 2017). Trotz der nachgewiesenen negativen Auswirkungen bestimmter Additive weisen Forschungsarbeiten auch darauf hin, dass alleinig durch die Aufnahme von Kunststoffen keine direkten Auswirkungen durch die Chemikalien (Additive) entstehen müssen (Koelmans et al. 2017b).

Weiterhin können auch aus Zigarettenfilter Chemikalien ausgewaschen werden. Innerhalb des Anbaus von Tabak und des Produktionsprozesses von Zigaretten werden bereits Chemikalien verwendet. Rückstände dieser Chemikalien können anschließend im Produkt wiedergefunden werden. Zigarettenfilter und Abfälle aus Tabakprodukten beinhalten Toxine, Karzinogene und Nikotin, die in Salz- und Süßwasser ausgewaschen werden können (Novotny und Slaughter 2014). Da die Filter aus CA bis zu zehn Jahren benötigen, um sich zu zersetzen, können in diesem Zeitraum Schwermetalle und toxische Chemikalien, wie beispielsweise PAK, freigesetzt werden (Kurmus und Mohajerani 2020). Untersuchungen dazu haben gezeigt, dass diese Komponenten toxisch für aquatische Mikroorganismen und Fische sind. Zwischen 1,8 bis 4,3 Zigarettenfilter pro Liter führten bereits zu einer tödlichen Konzentration für 50 % der untersuchten Fischarten (Slaughter et al. 2011).

Emission von Spurengasen

Eine weitere Langzeitfolge ist die Emission von klimarelevanten Spurengasen aus Kunststoffen. Dies geschieht durch das Brechen der Makromolekülketten beim Abbau des Kunststoffs in der Umwelt. In einer Studie wurden PC, Acryl (AC), PP, PET, PS, PE-HD und PE-LD unter terrestrischen und aquatischen Bedingungen untersucht. Die Freisetzung von Methan (CH_4) und Ethylen (C_2H_4) war an der Luft für Methan doppelt so hoch und für Ethylen 76 Mal höher als im Wasser, da außerhalb von Wasser eine stärkere Erwärmung des Kunststoffs im Vergleich zur Umgebung möglich ist. Zusätzlich ist die Bildung von Biofouling an der Luft geringer als im Wasser und somit die Fläche, die der Sonneneinstrahlung ausgesetzt ist, höher. Durch die UV-Strahlung im Sonnenlicht kommt es zur Verformung und chemischer Degradation des Kunststoffs und somit zur Abspaltung von kurzkettigen, gasförmigen Kohlenwasserstoffen.

Im Vergleich zum globalen Methanbudget ist der Anteil entstehend aus Kunststoffen eher als insignifikant zu bewerten. Auch wenn die Auswirkungen dieser Gase noch nicht vollständig definiert sind, ist mit dem zunehmenden Eintrag von Kunststoffen in die Umwelt von einem Emissionsanstieg aus Kunststoffen auszugehen. Weiterhin entsteht durch die Degradation und Fragmentierung von Makroplastik die Fraktion Mikroplastik, welche eine größere Oberfläche besitzt und wodurch die Kohlenwasserstoffproduktion begünstigt und beschleunigt wird (Royer et al. 2018).

Mit dem Nachweis von Makroplastik in den aquatischen und terrestrischen Bereichen der Umwelt ist abschließend als indirekte Langzeitfolge die kontinuierliche Akkumulation in der Umwelt zu nennen. Die Persistenz des Werkstoffes führt zu einer Anreicherung und Kontamination in der Umwelt, da

dem Eintrag von Makroplastik außer durch Erfassung und Entsorgung kein Austrag gegenübersteht.

Planetary Boundaries

Da dem möglichen Eintrag von Makroplastik die Produktion und die nicht
sachgemäße Erfassung und Entsorgung vorausgeht, kann anhand von Modell-
szenarien eine ungefähre, zukünftige Entwicklung abgeleitet werden. Unter der
Berücksichtigung von nicht sachgemäß entsorgten Kunststoffabfällen wurde
für 2060 eine globale Produktion von 155–265 Mio. Tonnen ermittelt (Lebreton
und Andrady 2019). Es ist somit davon auszugehen, dass sich die dargelegten
direkten und indirekten Folgen bei fehlender Verbesserung der Abfallerfassung
und -entsorgung zukünftig aufgrund des Masseanstiegs im Kunststoff-Lebens-
zyklus noch verstärken werden. Ob langfristig dabei kritische Schwellenwerte
überschritten werden, die globale Effekte auf die Prozesse im Erdsystem haben,
ist nicht vollständig geklärt. Es steht jedoch fest, dass die Verschmutzung der
Ozeane mit Kunststoffabfällen eng in Zusammenhang mit globalen Prozessen
steht, wie beispielsweise dem Transport und der Akkumulation innerhalb der
aquatischen Umwelt.

Um eine globale Nachhaltigkeit zu gewährleisten, wurden von Rockström
et al. (2009) die *planetary boundaries* (Planetare Grenzen) entwickelt. Innerhalb
dieser sind Erdsystemprozesse mit zugehörigen Kontrollvariablen und Grenz-
werten definiert. Unter der Kategorie *chemische Verschmutzung* sind hierbei auch
Kunststoffe aufgeführt. Zur Anwendung und nachfolgenden Einordnung von
marinen Kunststoffabfällen als *planetary boundary* sind nach Villarrubia-Gómez
et al. (2018) folgende Fragestellungen zu beantworten:

- Ist die Verschmutzung irreversibel oder schlecht abwendbar?
- Sind die Effekte nur detektierbar, wenn es ein globales Problem ist?
- Gibt es einen disruptiven Effekt auf die Prozesse im Erdsystem?

Können alle drei Fragen zustimmend beantwortet werden, kann die Problematik
als *planetary boundary threat,* planetares Grenzrisiko, eingestuft werden. Bezüglich mariner Kunststoffabfälle handelt es sich aufgrund des finalen Eintrags in
die Ozeane um eine derzeit sehr schlecht abwendbare Verschmutzung. Durch die
Detektion in globalem Ausmaß und einem ubiquitären Nachweis kann auch die
zweite Fragestellung zustimmend beantwortet werden. Auch wenn Nachweise
über ökologische Konsequenzen zunehmen, bleibt offen, ob Erdsystemprozesse

gestört werden. Es werden somit nur zwei von drei Bedingungen erfüllt, um von einem *planetary boundary threat* zu sprechen (Villarrubia-Gómez et al. 2018). Die Bewertung zeigt jedoch, dass es sich um eine Problematik mit langfristigen und möglichen weitreichenden Folgen handelt.

Ausblick – Aktuelle Entwicklungen 7

Ein Entwicklungstrend innerhalb des Lebenszyklus von Kunststoffabfällen und somit auch von Makroplastik ist ein weiterer Anstieg in der Produktion von primären Kunststoffen bis 2050. Auf der anderen Seite nimmt die Beseitigung im Sinne von Deponierung und nicht sachgemäßer Entsorgung in der Umwelt leicht ab, wohingegen die energetische und stoffliche Verwertung ansteigt (Geyer et al. 2017). Ohne eine weltweite Verbesserung des Abfallmanagements ist davon auszugehen, dass die kumulierte Menge von Kunststoff, die vom Festland in die Ozeane gelangt, 2025 zwischen 100 und 250 Mio. Tonnen liegen wird (Jambeck et al. 2015).

Um aktuelle und auch zukünftige Entwicklungen darzustellen, berücksichtigen die nachfolgenden Kapitel besonders die Abfallhierarchie, die der Gesamtbetrachtung von Kunststoffabfällen innerhalb der Abfallwirtschaft dient, mögliche Eintrittspfade in die Umwelt umfasst und Ansatzpunkte für Veränderungen bietet. Zusätzlich werden Biopolymere als mögliche Lösungsstrategie und politische Handlungsmaßnahmen betrachtet.

7.1 Abfallwirtschaft – Die Abfallhierarchie

Die Abfallwirtschaft behandelt das Abfallaufkommen unter den Aspekten der Vermeidung sowie Verwertung und die Abfallbeseitigung. Die Anforderungen an die Abfallwirtschaft sind die menschliche Gesundheit nicht zu gefährden und Umweltgüternutzung nicht einzuschränken. Unter dem Leitprinzip der Produktverantwortung erfolgt eine Verlagerung von der Abfall- zur Kreislaufwirtschaft (Kranert 2017). Die Aufgaben lassen sich innerhalb des Produktions- und Konsumbereiches wie folgt definieren:

S. Lechthaler, *Makroplastik in der Umwelt*, essentials, https://doi.org/10.1007/978-3-658-30337-2_7

▶ „Gegenstand der Abfallwirtschaft im Produktionsbereich sind folglich
die zum Gebrauch und Verbrauch erzeugten Wirtschaftsgüter sowie
die bei ihrer Herstellung anfallenden Nebenprodukte, Reststoffe und
Produktionsrückstände. Im Konsumbereich ist die Abfallwirtschaft mit
den Rückständen und Altprodukten befasst, die beim Gebrauch und
nach dem Verbrauch von Gütern anfallen (Kranert 2017)."

In Bezug auf Makroplastik in der Umwelt sind der Umgang mit Kunststoffen innerhalb der Wertschöpfungskette und besonders die Erfassung mit
anschließender Entsorgung wichtige Aspekte, um das Problemfeld anzugehen und
eine positive zukünftige Entwicklung einzuleiten. Relevante Stoffströme liegen
bei Verpackungen, Bau-, Automobil- und Elektrosektor sowie sonstige Branchen,
die allerdings in Bezug auf die Gesamtmenge 31 % darstellen. Zu diesem Bereich
zählen vorwiegend Produkte aus dem Haushalt, der Landwirtschaft, der Textil-
branche sowie Spiel-, Sport- und Freizeitartikel (Mellen und Becker 2018).
Durch die Abfallrahmenrichtlinie (AbfRRL), Richtlinie 98 der Europäischen
Gemeinschaft (EG 2008), wurde die Abfallhierarchie vorgegeben, die in Deutschland im Kreislaufwirtschaftsgesetz (KrWG) umgesetzt wurde (BRD 2012). Durch
die Abfallhierarchie ist ein fünfstufiger Prozess vorgegeben, der die Vermeidung,
Verwertung und Beseitigung umfasst und in Abb. 7.1 auf Kunststoffabfälle
angewandt ist.

Vermeidung

Zur Abgrenzung der Abfallvermeidung gegenüber Abfallverwertung und
-beseitigung gibt es nach der Organisation für wirtschaftliche Zusammenarbeit und Entwicklung (Organization for Economic Cooperation and Development, OECD) (OECD 2004) drei Definitionsaspekte (Kranert 2017):

- **Eigentliche Vermeidung**
  - Vollständige Abfallvermeidung
- **Verminderung an der Quelle**
  - Verringerung des Stoff-, Material- und Energieverbrauchs
- **Wiederverwendung oder Weiterverwendung von Produkten**
  - Mehrfachgebrauch im ursprünglichen oder anderweitigen Einsatz inklusive
    oder exklusive Wiederaufbereitung

Innerhalb der Abfallhierarchie hat die Abfallvermeidung die höchste Priori-
tät, was in Bezug auf Makroplastik einerseits die vollständige Vermeidung

Abb. 7.1 Die Abfallhierarchie des Kreislaufwirtschaftsgesetztes (KrWG §6) angewandt auf Kunststoffe/Makroplastik. (Eigene Darstellung)

von Kunststoffen bedeutet. Dieser Aspekt sollte insbesondere unter Berücksichtigung der Lebensdauer betrachtet werden, da beispielsweise Lebensmittelverpackungen im Durchschnitt nur wenige Minuten verwendet werden. Durch die beschriebenen Eintragspfade, wie Littering, kann solches Makroplastik in die Umwelt gelangen und dort zu den dargestellten Folgen führen. Die kurze Nutzungsdauer steht somit bei nicht sachgemäßer Entsorgung langfristigen Folgen innerhalb der Umwelt gegenüber. Andererseits darf nicht vernachlässigt werden, dass für Kunststoffe in vielen Bereichen die Vorteile überwiegen, sodass sie dort derzeit kaum ersetzt werden können, um beispielsweise hohe Hygienestandards in Krankenhäusern und bei Lebensmitteln zu gewährleisten oder sauberes Trinkwasser bereitzustellen. Weiterhin können im Sinne der Abfallvermeidung bei der Herstellung von Kunststoffprodukten auch der Materialeinsatz und der Energieverbrauch im Sinne der Vermeidung verringert werden. Bezüglich der Wieder- und Weiterverwendung ist die Vorbereitung ein wichtiger Schritt.

Vorbereitung zur Wiederverwendung

Nach AbfRRL bezeichnet die Wiederverwendung alle Verfahren, die dazu führen, dass Erzeugnisse oder Bestandteile, die nicht zu den Abfällen zählen, für ihren

ursprünglichen Zweck wiederverwendet werden (EG 2008). Aufgrund der
unterschiedlichen Charakteristiken von Kunststoffen und gleichsam von Makroplastik, wie Farbe, Dichte und Zusammensetzung, steigen die Anforderungen
an die dem Recycling vorgeschaltete Technologien, die zur Vorbereitung der
Wiederverwendung angewandt werden. Das sich anschließende Recycling
basiert in seiner Effizienz auf einer möglichst sortenreinen Sortierung der Kunststoffe. Zur Herstellung eines Rezyklats aus Kunststoffen werden verschiedene
Aufbereitungsverfahren verwendet, wofür komplexe Verbundwerkstoffe und
Materialien mit dunkler Farbe hinderlich sind. Eine Methodenkombination aus
sensorgestützter und hydraulischer Sortierung ist somit für die Vorbereitung des
Recyclings am effektivsten (Wunsch 2019).

Verbundwerkstoffe, deren komplexe Stoffgemische bei einer möglichen
Trennung für hohe Kosten sorgen, sind ein zu berücksichtigender Faktor.
Auch die Qualitätssicherung des Rezyklats stellt eine Herausforderung dar, um
Downcycling (Qualitätsverlust durch Recycling) zu vermeiden. Die Sorten-
reinheit, wie sie bei Produktionsabfällen vorliegt, ermöglicht eine höhere Ver-
wertungsquote als diejenige von Verbraucherabfällen (Stapf et al. 2019). Ist somit
eine Vermeidung von Kunststoff nicht möglich, sollte der Fokus auf die Wieder-
verwertung und die zugehörige Vorbereitung gelegt werden. Um dies umzusetzen
und zukünftig positive Entwicklungen für eine Wiederverwendung statt Entsorgung zu erreichen, sind politische Vorgaben, beispielsweise zur Vermeidung
unlösbarer verbundener Werkstoffgemische, notwendig.

Recycling

▶   „Das Recycling von Kunststoffen ist grundsätzlich so alt wie deren
      Erzeugung und Verarbeitung. Schon der Wunsch, Verschwendung zu
      vermeiden, hat in den 50er Jahren dazu geführt, Abfälle soweit wie
      möglich zu verwerten (Mellen und Becker 2018)."

Pro Jahr fallen in der EU 25 Mio. Tonnen an Kunststoffabfällen an, wobei die
Recyclingrate unter 30 % liegt (Glastra und Bültikofer 2019). Kunststoffabfälle
können entweder stofflich oder energetisch verwertet werden (Briese 2019).
Innerhalb der Abfallhierarchie ist die energetische Verwertung unter sonstige Verwertung niedriger priorisiert als die stoffliche Verwertung (Recycling). Die stoffliche Verwertung umfasst zwei Verwertungsmöglichkeiten (Mellen und Becker
2018):

- **Werkstoffliche Verwertung**
  - Rohstoffrückgewinnung zur Verarbeitung neuer Kunststoffprodukte
- **Rohstoffliche Verwertung**
  - Nutzung der Kunststoffeigenschaften oder Bestandteile

Im *werkstofflichen Recycling* werden gleiche Produkte sowohl für denselben Verwendungszweck als auch zu höherwertigen Produkten aufgearbeitet (Menges et al. 2011), weshalb eine Vorsortierung entscheidend ist. Die Verwendung des Rezyklats erfolgt vorwiegend in Pulver- oder Granulatform. Die Verwendung von Kunststoffen als Reduktionsmittel ist in Deutschland das gängigste *rohstoffliche Verwertungsverfahren*. Da Kohlenstoff beispielsweise bei der Erzeugung von Rohstahl benötigt wird, wird Rezyklat dort eingesetzt (Mellen und Becker 2018).

Im Jahr 2017 wurden in Deutschland insgesamt 1,8 Mio. Tonnen Rezyklat verwendet, wovon 1 Mio. Tonnen Rezyklat aus industriellen Produktionsabfällen gewonnen wurde *(post-industrial)* und 800.000 Tonnen aus Produkten nach der Verwendung durch den Konsumenten *(post-consumer)* (Lindner 2019). Produktions- und Verarbeitungsabfälle, *post-industrial* Rezyklate, werden bereits seit Beginn der Kunststoffproduktion wieder in den Verarbeitungsprozess zurückgeführt. Im Vergleich dazu werden beispielsweise Leichtverpackungen als *post-consumer* Rezyklate erst seit 1994 recycelt (Probst und Fischer 2019). Von den 2017 verwendeten 1,8 Mio. Tonnen Rezyklat wurden 74 % eingesetzt, um Neuware zu ergänzen oder zu substituieren, 23 % fanden Verwendung als Substitut von anderen Werkstoffen (Beton, Holz, Stahl) und 3 % wurden als Reduktionsmittel im Stahlerzeugungsprozess eingesetzt (Lindner 2019).

Analog zu politischen Vorgaben für die Vorbereitung der Wiederverwendung sind auch Vorgaben für das Recycling notwendig, um die Recyclingquoten zu verbessern und einen maximalen Nutzen aus Kunststoffprodukten zu ziehen. Mit höheren Recyclingquoten könnte eine Deponierung von Kunststoffabfällen, die einen Umwelteintrag ermöglicht, verringert werden.

Sonstige Verwertung

Die sonstige Verwertung umfasst nach dem KrWG die energetische Verwertung und Verfüllung. Kunststoffe werden energetisch verwertet, wenn eine Sortierung und Aufbereitung zum stofflichen Recycling nicht möglich oder zu kostenintensiv ist, wie beispielsweise bei stark verschmutzen Kunststoffen (Briese 2019) oder komplexen, untrennbaren Verbundwerkstoffen. Zusätzlich ist in Deutschland die energetische Verwertung von Kunststoffen *günstiger* als die werkstoffliche Verwertung, sodass 2017 über die Hälfte der Kunststoffabfälle (52,7 %), die verwertet wurden, energetisch und dem gegenüber 46,7 % stofflich verwertet wurden (Conversio 2018).

In Bezug auf die Kosten, den Energieaufwand und ökologische Aspekte ist eine energetische Verwertung gegenüber einem aufwendigen Aufbereitungsverfahren ressourcenschonender (Menges et al. 2011). Bei der energetischen Verwertung wird die im Kunststoff chemisch gebundene Energie in Wärme umgewandelt. Wie Tab. 7.1 zeigt, sind die Heizwerte von Kunststoffen vergleichbar mit anderen Brennstoffen und teilweise auch höher. Die Verbrennung erfolgt in Abfallverbrennungsanlagen (MVA) oder Zement- und Kraftwerken, die die Abfälle als Ersatzbrennstoff (EBS) nutzen. Bei einer Abfallverbrennung, in der anteilig auch Kunststoffe mitverbrannt werden, entstehen feste Rückstände in Form von Schlacken, Filterstäuben und Aschen. Seit 2007 ist das Gesamtaufkommen von Aschen und Schlacken kontinuierlich angestiegen. Schlacken werden in Deutschland zu 34 % nach Aufbereitung für den Straßenbau verwendet, zu 49 % deponiert und zu 10 % als Versatz (Füllmaterial) in Untertagedeponien verwendet. Der Mehrwert der energetischen Verwertung ergibt sich unter anderem aus der Nutzung von Schlacken nach einer Aufbereitung im Straßen- und Wegebau und der energetischen Nutzung (Briese et al. 2012).

Die energetische Verwertung stellt den einzigen endgültigen Austrag von Kunststoffen und daher Makroplastik sowie enthaltenen Schadstoffen aus dem Lebenszyklus dar. Ist ein Recycling nicht möglich, kann durch eine geordnete energetische Verwertung nach Stand der Technik im Vergleich zur Deponierung ein Eintrag in die Umwelt unterbunden werden.

Tab. 7.1 Heizwerte von ausgewählten Kunst- und Brennstoffen. (Nach Menges et al. 2011; Kranert 2017)

Kunst-/Brennstoff	Heizwert (MJ/kg)
PP	44
Erdöl, Heizöl	42,5
PE, PS	> 36
Ungesättigter Polyester	34
Steinkohle	29
PC	29,4
PA	28,7
PET	25–36
PVC, PUR	14,5–25
Braunkohle	8–22
Brennholz	14,5

Beseitigung

Wenn Abfälle nicht vermieden oder verwertet werden können, erfolgt die Beseitigung durch Deponierung. Dabei ist gesetzlich festgehalten, welche Anforderungen die zu deponierenden Materialien erfüllen müssen. Unter anderem sind bestimmte Metallgehalte, Brennwerte oder TOC-Werte vorgegeben sowie Anforderungen an Inertabfälle, die sich nach Deponierung weder physikalisch noch chemisch oder biologisch verändern dürfen. Insgesamt dürfen nach Artikel 6 der Deponierungsrichtlinie der Europäischen Gemeinschaft von 1999 außerhalb von Inertabfällen keine unbehandelten Abfälle deponiert werden (EG 1999). Weiterhin zählen zu den Anforderungen an Deponien in Deutschland Grenzwerte für Emissionen der Deponie (BRD 2012 §43). In Europa und auch in Deutschland werden Kunststoffe (inklusive Makroplastik) deponiert. Im Jahr 2016 waren dies in Deutschland 0,27 % der gesamten Menge an Kunststoffen, die in Europa deponiert wurden (vgl. Abb. 3.4). Dabei handelt es sich vorwiegend um Kunststoffe, die in Bauabfällen oder Aufbereitungsabfällen, die aus einer mechanisch-biologischen Abfallbehandlungsanlage (MBA) kommen, enthalten sind (UBA 2018).

Eine weitere Form der Beseitigung ist unabhängig von der Abfallhierarchie und Gesetzgebungen der *Export* von Abfällen. Bis Anfang 2018 wurden 87 % der EU-weiten Kunststoffabfälle nach China exportiert (Glastra und Bültikofer 2019). Insgesamt wurde seit 1992 von China ein kumulativer Anteil von 45 % der Kunststoffabfälle weltweit importiert. Innerhalb der OECD konnte anhand von Handelsdaten aufgezeigt werden, dass über Jahrzehnte einkommensstarke Länder Kunststoffabfälle in einkommensschwache Länder in Ostasien und im Pazifikraum exportiert haben.

Zwischen 1988 und 2016 wurden von Deutschland 17,6 Mio. Tonnen Kunststoffabfälle exportiert, was 8,22 % des globalen Exports darstellte und einem Handelswert von 6,95 Mrd. US $ entsprach. Im gleichen Zeitraum wurden 5,36 Mio. Tonnen in einem Handelswert von 2,3 Mrd. US $ importiert. Im Vergleich dazu wurden von China in diesem Zeitraum 106 Mio. Tonnen importiert, was 45,1 % des globalen Imports entspricht. Durch das chinesische Importverbot wurde dieser Ablauf unterbunden. Bis 2030 ist davon auszugehen, dass 111 Mio. Tonnen an Kunststoffabfällen durch den chinesischen Importbann anderweitig recycelt oder entsorgt werden müssen. Zu den Materialien, die nicht mehr nach China exportiert werden dürfen, zählen unter anderem acht verschiedene Kunststoffkonsumgüter und Abfälle bestimmter Polymere, wie PE, PS, PVC und PET (Brooks et al. 2018).

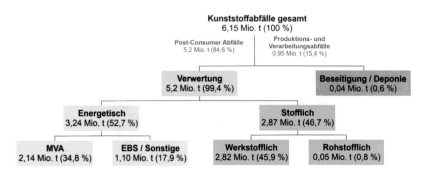

Abb. 7.2 Verwertung von Kunststoffabfällen in Deutschland 2017. (nach Conversio 2018)

Abschließend gibt Abb. 7.2 eine Übersicht der Verwertung von Kunststoffabfällen in Deutschland 2017.

Anhand der Abfallhierarchie konnten mögliche Anhaltspunkte zur Verringerung des Makroplastikeintrags in die Umwelt dargelegt werden. Neben
möglichen politischen Vorgaben als Antwort auf die derzeitige Frage nach Kunststoffen, Makro- und Mikroplastik in der Umwelt zeigt auch die Entwicklung von
neuen Materialen die Suche nach möglichen Lösungen.

7.2   Biopolymere

Biopolymere (Biokunststoffe) können unabhängig von Rohöl hergestellt werden.
Der Definition nach handelt es sich um Biopolymere, wenn diese entweder ganz
oder teilweise (Saechtling 2013) aus einem biobasierten also *nachwachsendem
Rohstoff* hergestellt wurden oder, wenn eine *biologische Abbaubarkeit* vorliegt.
Somit ist nicht jeder Biokunststoff auch biologisch abbaubar und eine generelle
Bezeichnung von Biokunststoff als nachhaltig ist nicht möglich. Negative
Aspekte sind der energieintensive Herstellungsprozesse, der größere Material-
bedarf im Vergleich zu herkömmlichen Kunststoffen, in Teilen eine Konkurrenz
der biobasierten Rohstoffe mit der Nahrungsmittelherstellung und eine mögliche
Belastung von Gewässern und Böden. Die Nutzung von Biokunststoffen als (bio-)
resorbierbare Kunststoffe wird in der Medizintechnik umgesetzt und fokussiert
sich derzeit auch auf die Verpackungsbereiche sowie technische Anwendungen,
wozu die Automobil- und Textilindustrie zählen (Hopmann und Michaeli 2017).

In Bezug auf die Folgen eines Eintrags in die Umwelt stellen Biopolymere allerdings eine Problemverlagerung dar, da die biologische Abbaubarkeit nicht für alle Biopolymere gegeben ist und die Abbaubarkeit bestimmten Faktoren unterliegen kann, die teilweise effektiv nur in industriellen Kompostieranlagen (Saechtling 2013) umgesetzt werden können. Wie bereits innerhalb der Eintragspfade beschrieben, ist die Verwendung von Biokunststofftüten in der Entsorgung von biologischen Abfällen ein Problem, da diese innerhalb der Lagerungszeit nicht biologisch abgebaut werden (UBA 2009) und abschließend über die Nutzung in der Landwirtschaft in die Umwelt eingetragen werden können. Da es sich dabei um ein Produkt handeln kann, das nicht biologisch abbaubar ist und trotzdem als Biopolymer definiert ist oder die biologische Abbaubarkeit nur unter entsprechenden Randbedingungen gegeben ist, kann es auch hier zu einer Akkumulation in der Umwelt kommen.

Biopolymeren bieten somit in Bezug auf den Eintrag und die Akkumulation von Makroplastik in der Umwelt noch keine ausreichende Lösung als Ersatzmaterial und führen zu neuen, bisher nicht vorhandenen Problemen.

7.3 Politische Handlungen

Neben nationalen Gesetzgebungen gibt es auch europäische und internationale politische Maßnahmen, die auf den Umgang mit Makroplastik angewandt werden können. Insbesondere mit Beginn der Wahrnehmung und Fokussierung von marinem Makroplastik wurden auch erste politische Aktionen durchgeführt.

So fand 2012 die *Global Partnership on Marine Litter* – organisiert durch die UNEP (*United Nations Environment Programme*, Umweltprogramm der Vereinten Nationen) – statt, die die Beurteilung des Einflusses mariner Abfälle und somit auch Makroplastik unter Berücksichtigung der Nahrungskette und der Biodiversität zum Ziel hatte. Weiterhin wurde durch die UN (*United Nations*, Vereinte Nationen) unter dem *Sustainable Development Goal* (Ziel nachhaltiger Entwicklung) Target 14.1 das Ziel festgehalten, bis 2025 die Verschmutzung der Meere besonders durch landbasierte Quellen zu verhindern und signifikant zu reduzieren (IUCN 2017). Hierzu zählt auch der Eintrag von Makroplastik in die marine Umwelt. Während des G7 Gipfels 2015 wurde ein Aktionsplan zur Bekämpfung von *marine litter* verabschiedet. Ein Jahr später wurde durch die *UN Environment Assembly* (UNEA, Umweltversammlung der Vereinten Nationen) eine Resolution zu marinen Kunststoffabfällen veröffentlicht unter Bezugnahme von 15 relevanten Akteuren. Im Juni 2017 wurde dann durch die G20-Staaten ein

Aktionsplan gegen *marine litter* beschlossen (IUCN 2017). Die Thematik und Problematik ist somit auf höchster politischer und internationaler Ebene präsent. Weiterhin gibt es auch Zielsetzungen auf europäischer Ebene. So wurde von der Europäischen Kommission (*European Commission, EC*) 2015 ein Aktionsplan zur Kreislaufwirtschaft verabschiedet, der die Herausforderungen durch Kunststoffabfälle adressiert und einen Aktionsplan zur Strategie für Kunststoffe im Jahr 2017 vorgesehen hat (IUCN 2017). Dieser wurde im Januar 2018 unter dem Namen *European Strategy for Plastics in a Circular Economy* verabschiedet. Ein weiteres angestrebtes Ziel ist es *marine litter* bis 2020 um 30 % zu reduzieren. Hierbei liegt der Fokus auf Fischereiausrüstungen und Einwegkunststoffen.

Insgesamt wird durch die *Marine Strategy Framework Directive* (MSFD) der EU bis 2020 das Ziel des guten Umweltzustandes für marine Bereiche verfolgt. Zur Bewertung des Umweltzustandes wurden 11 qualitative Deskriptoren entwickelt, wobei auch *marine litter* behandelt wird (10. Deskriptor). Dieser fordert indirekt die Reduzierung oder Unterbindung der Eintragsmengen von *marine litter,* wobei die zugehörigen Verpflichtungen für Mitgliedsstaaten ohne Küstenbereiche verringert sind (IUCN 2017). Hier liegt die Problematik der Umsetzung an fehlenden Forschungsdaten zu Quantität und Auswirkung von Makro- und auch Mikroplastik in der Umwelt. Unter dem Aspekt, dass die Werkstoffpersistenz von Kunststoffen zu einer Akkumulation in der Umwelt führt, sollte das Ziel nicht nur eine mengenmäßig anteilige, sondern möglichst vollständige Unterbindung des Kunststoffeintrags in die Umwelt sein.

Auf EU Ebene gibt es weiterhin die regionalen Meeresschutzübereinkommen. Dabei gibt es beispielsweise folgende Kooperationen, die sich mit der Reduktion von *marine litter* und dem Schutz von Küste und marine Umwelt beschäftigen (IUCN 2017):

- HELCOM *(Baltic Marine Environment Protection Commission)* für die Ostsee
- *The Commission on the Protection of the Black Sea* zum Schutz des Schwarzen Meeres
- OSPAR *(Convention for the Protection of the Marine Environment of the North-East Atlantic)* im Bereich des Nordost Atlantik
- *UN Environment's Mediterranean Action Plan* im Mittelmeer

Insgesamt ist zu beachten, dass es sich ausgehend von der EU um Richtlinien und Handlungsempfehlungen handelt. Die Umsetzung von Richtlinien als Rechtsvorschrift liegt jedoch bei den einzelnen Ländern und darüber hinaus sind Empfehlungen der EU nicht rechtsverbindlich (EU 2019). Weiterhin liegt der Fokus innerhalb dieser Aktivitäten auf Makroplastik und anderen Abfällen in den Ozeanen. Es ist daher darauf hinzuweisen, dass zum Rückhalt der Akkumulation in der marinen Umwelt auch Quellen, Eintrags- und Transport-pfade (vgl. Abb. 3.5) zu berücksichtigen sind.

7.4 Zusammenfassung

Der dargestellte Lebenszyklus von Makroplastik hat gezeigt wie die Quellen, Eintrags- und Transportpfade aussehen und, dass sich Makroplastik überall in der terrestrischen und aquatischen Umwelt akkumuliert. Ausgehend von dieser Kontamination wurden direkte und indirekte Folgen durch Makroplastik in der Umwelt dargelegt und ein Ausblick auf zukünftige Entwicklungen gegeben.

Die derzeitige interdisziplinäre Forschung zum Themenfeld *Makro-plastik in der Umwelt* kann sowohl als Vorteil als auch als Nachteil angesehen werden: Durch die Interdisziplinarität, die beispielsweise Ökotoxikologie, Abfallwirtschaft und Produktentwicklung umfasst, sind verschiedene Blick-winkel, Fokussierungen und Ziele definiert, aus denen sich Forschungsfragen und -ergebnisse entwickeln. Anhand der verschiedenen Ansätze und Methoden ergeben sich innerhalb der Ergebnisse jedoch Unterschiede, die eine Vergleich-barkeit erschweren oder unmöglich machen. Für eine ganzheitliche Betrachtung und Bewertung im Hinblick auf Makroplastik in der Umwelt wäre eine Vergleich-barkeit der bisherigen Forschungsergebnisse jedoch elementar.

Allgemein ist es eine Herausforderung innerhalb der Problematik von Makro-plastik in der Umwelt, Forschung, Politik und Gesellschaft zu verbinden und gemeinsam zu agieren. Durch die dargestellte Komplexität des Lebenszyklus von Makroplastik wurde aufgezeigt, wo die wichtigsten Ansatzpunkte liegen.

1. Bezüglich der *Quellen* von Makroplastik ist die Umweltbildung für die Bevölkerung eine wichtige Grundlage, die den Eintrag in die Umwelt ver-ringern kann.
2. Da auch zukünftig Fließgewässer als *Haupteintragspfad* für den Trans-port von Kunststoffabfällen in die Ozeane fungieren, ist hier ein zweiter wichtiger Ansatzpunkt gegeben. *Politische Handlungen* unter Einbindung von Forschung und Gesellschaft können aufbauend auf dem Verständnis von Quelle, Eintragspfad und Transport von Makroplastik entwickelt und anschließend umgesetzt werden.
3. Darüber hinaus sind *Abfallwirtschaftsstrukturen* aufgrund fehlender Abfall-erfassung und -entsorgung ein dritter wichtiger Aspekt. Durch Investitionen in diesem Bereich können Abfälle besser erfasst und verwertet werden, damit auch hier ein Eintrag in die Umwelt unterbunden wird.

Trotz des weitreichenden Verständnisses über die Problematik von Makroplastik in der Umwelt gibt es noch offene Fragestellungen, die eine Zusammenarbeit und Lösungsfindung erschweren (nach Fossi et al. 2019):

- **Wissenslücken**
  - Welche Auswirkungen und Interaktionen zwischen Makroplastik, Mensch und Umwelt gibt es?
- **Richtlinien und Gesetzgebung**
  - Wer kontrolliert die Umsetzung und ist für diese verantwortlich?
- **Technologie**
  - Wie kann Makroplastik aus der Umwelt entfernt und ein weiterer Eintrag unterbunden werden?
- **Finanzierung und Wirtschaftlichkeit**
  - Wer kommt für die Entfernung und Entsorgung von Makroplastik in der Umwelt auf und wie kann dies wirtschaftlich gestaltet werden?
- **Umweltbewusstsein**
  - Wie erfolgen eine zielgerichtete und weitreichende Sensibilisierung und Kommunikation?

Eine Auseinandersetzung mit offenen Fragestellungen und Problemen ist somit essentiell, um eine entscheidende und wirksame Strategie zur Reduzierung von Makroplastik in der Umwelt zu entwickeln.

Ist Makroplastik in der Umwelt somit auch ein *deutsches* Problem?

Die Darlegung der Thematik in diesem Buch hat gezeigt, dass negative Entwicklungen folgen, sobald Makroplastik in die Umwelt gelangt. Da dies auch in Deutschland der Fall ist, muss dieser Sachverhalt und präventive Maßnahmen auch hier weitreichender und intensiver thematisiert werden und auch Einfluss auf die (Umwelt-) Bildung nehmen, um den weiteren Eintrag von Makroplastik in die Umwelt einzugrenzen und möglichst weitreichend zu verhindern. Die Präsenz der Thematik von Makroplastik in der Umwelt im Alltag zeigt, dass diese bereits einen Großteil der Gesellschaft und Politik beschäftigt, die Komplexität der Sachverhalte aber häufig unterschätzt wird. Für weitreichende und zukunftsfähige Veränderungen und eine Verbesserung der aktuellen Situation besteht jedoch noch weiterer Handlungsbedarf.

Was Sie aus diesem *essential* mitnehmen können

- Der Eintrag von Makroplastik in die Umwelt ist vollständig durch anthropogenes Handeln bedingt und kann daher ganzheitlich vermieden werden.
- Durch den Eintrag von Makroplastik erfolgt die Entstehung von sekundärem Mikroplastik.
- Makroplastik wurde bereits in allen aquatischen und terrestrischen Bereichen der Umwelt nachgewiesen.
- Durch die Persistenz des Werkstoffes kommt es zu einer kontinuierlichen Akkumulation von Makroplastik in der Umwelt.
- Die Interaktionen zwischen Makroplastik und der Umwelt sind noch nicht ausreichend untersucht. Gesundheitliche Folgen für den Menschen sind noch unklar, für Tiere stellt Makroplastik ein Gesundheitsrisiko dar.

© Der/die Herausgeber bzw. der/die Autor(en), exklusiv lizenziert durch
Springer Fachmedien Wiesbaden GmbH, ein Teil von Springer Nature 2020
S. Lechthaler, *Makroplastik in der Umwelt,* essentials,
https://doi.org/10.1007/978-3-658-30337-2

Glossar

Begriff Definition

Additive Zusatzstoffe in der Kunststoffproduktion (Verarbeitungsadditive, Gebrauchsadditive, Füllstoffe)

Biofouling Unterwasserbewuchs durch Organismen

Citizen Science Durchführung von Forschungsarbeiten unter Bürgerbeteiligung

Downcycling Qualitätsverlust eines Produktes nach dem Recycling

Fehlwurf Entsorgung eines Abfallgutes in einem nicht dafür vorgesehenen Stoffstrom innerhalb der Abfallwirtschaft

Garbage Patch Akkumulationsbereiche von Abfällen in den Ozeanen induziert durch zirkulierende Meeresströmungen

Inertabfälle Abfälle, die sich physikalisch, chemisch oder biologisch nicht verändern

Littering Wissentliches Wegwerfen/Einbringen von Abfällen in der Umwelt

Makroplastik Kunststoffe, die einen Durchmesser ≥ 5 mm aufweisen

Marine Litter Marine Abfälle aus ozean- und landbasierten Quellen, wozu auch Makroplastik zählt

Mikroplastik Kunststoffpartikel, die einen Durchmesser < 5 mm aufweisen

Periphere Region Ländliche Region mit geringer Bevölkerungsdichte

Persistenz Beständigkeit gegenüber Abbau, Langlebigkeit eines Werkstoffes

Planetary Boundary (Threat) Planetare(s) Grenze (Grenzrisiko)

Plastic Age Kunststoffzeitalter, Verwendung für das gegenwärtige Zeitalter

Plasticrust Krustenähnliche Kunststoffablagerungen auf Gesteinen

Plastiglomerate Mehrschichtiges Material aus geschmolzenem Kunststoff Strandsediment basaltischen Lavafragmenten und Organik

Plastisphere Lebensraum von Mikroben auf marinen Kunststoffabfällen

Post-Consumer Rezyklat Rezyklat aus Konsumentenprodukten

Post-Industrial Rezyklat Rezyklat aus industriellen Abfallprodukten

Verdriftung Passive Ausbreitung durch Wind und Wasserströmungen

Literatur

Allen, Steve, Deonie Allen, Vernon R. Phoenix, Gaël Le Roux, Pilar Durántez Jiménez, Anaëlle Simonneau, Stéphane Binet, und Didier Galop. 2019. Atmospheric transport and deposition of microplastics in a remote mountain catchment. *Nature Geoscience* 71:299. https://doi.org/10.1038/s41561-019-0335-5.

Andrady, Anthony. 2011. Microplastics in the marine environment. *Marine Pollution Bulletin* 62:1596–1605.

Andrady, Anthony. 2015. Persistence of plastic litter in the oceans. In *Marine anthropogenic litter*, Hrsg. Melanie Bergmann, Lars Gutow, und Michael Klages, 57–72. Heidelberg: Springer.

Andrady, Anthony L., und Mike A. Neal. 2009. Applications and societal benefits of plastics. *Philosophical transactions of the Royal Society of London. Series B, Biological sciences* 364 (1526): 1977–1984. https://doi.org/10.1098/rstb.2008.0304.

Barnes, David, Francois Galgani, Richard Thompson, und Morton Barlaz. 2009. Accumulation and fragmentation of plastic debris in global environments. *Philosophical Transaction of the Royal Society Biological Sciences* 364:1985–1998.

Barnes, D.K.A., S.A. Morley, J. Bell, P. Brewin, K. Brigden, M. Collins, T. Glass, W.P. Goodall-Copestake, L. Henry, V. Laptikhovsky, N. Piechaud, A. Richardson, P. Rose, C.J. Sands, A. Schofield, R. Shreeve, A. Small, T. Stamford, und B. Taylor. 2018. Marine plastics threaten giant Atlantic marine protected areas. *Current biology: CB* 28 (19): R1137–R1138. https://doi.org/10.1016/j.cub.2018.08.064.

Basnet, Khadga. 1993. Solid waste pollution versus sustainable development in high mountain environment: A case study of Sagarmatha National Park of Khumbu Region Nepal. *Contributions to Nepalese Studies* 20:131–139.

Bertling, Jürgen, Ralf Bertling, Leandra Hamann, Torsten Weber, und Markus Hiebel. 2019. Kunststoffe in der Umwelt: Mikro- und Makroplastik: - Quellen, Mengen, Ausbreitung, Wirkungen und Lösungsansätze -. In *Recycling und rohstoffe*, Hrsg. Stephanie Thiel, Olaf Holm, Elisabeth Thomé-Kozmiensky, Daniel Goldmann, und Bernd Friedrich. Neuruppin: Thomé-Kozmiensky Verlag GmbH.

Bläsing, Melanie, und Wulf Amelung. 2018. Plastics in soil: Analytical methods and possible sources. *Science of the Total Environment* 612:422–435.

Blettler, Martin C.M., Maria Alicia Ulla, Ana Pia Rabuffetti, und Nicolás Garello. 2017. Plastic pollution in freshwater ecosystems: Macro-, meso-, and microplastic debris in a floodplain lake. *Environmental Monitoring and Assessment* 189 (11): 581. https://doi. org/10.1007/s10661-017-6305-8.

Blettler, Martín C.M., Nicolás Garello, Léa Ginon, Elie Abrial, Luis A. Espinola, und Karl M. Wantzen. 2019. Massive plastic pollution in a mega-river of a developing country: Sediment deposition and ingestion by fish (Prochilodus lineatus). *Environmental pollution (Barking, Essex: 1987)* 255 (Pt 3): 113348. https://doi.org/10.1016/j. envpol.2019.113348.

Bond, Tom, Veronica Ferrandiz-Mas, Mónica Felipe-Sotelo, und Erik Van Sebille. 2018. The occurrence and degradation of aquatic plastic litter based on polymer physicochemical properties: A review. *Critical Reviews in Environmental Science and Technology* 48 (7–9): 685–722. https://doi.org/10.1080/10643389.2018.1483155.

Borja, Angel, und Michael Elliott. 2019. So when will we have enough papers on microplastics and ocean litter? *Marine Pollution Bulletin* 146:312–316. https://doi. org/10.1016/j.marpolbul.2019.05.069.

Boucher, Julien, Florian Faure, Olivier Pompini, Zara Plummer, Olivier Wieser, und Luiz Felippe de Alencastro. 2019. (Micro) plastic fluxes and stocks in Lake Geneva basin. *TrAC Trends in Analytical Chemistry* 112:66–74. https://doi.org/10.1016/j. trac.2018.11.037.

BRD. 2012. *Gesetz zur Förderung der Kreislaufwirtschaft und Sicherung der umweltverträglichen Bewirtschaftung von Abfällen (Kreislaufwirtschaftsgesetz): KrWG* vom 24. Februar 2012 (BGBl. I S. 212), das zuletzt durch Artikel 2 Absatz 9 des Gesetzes vom 20. Juli 2017 (BGBl. I S. 2808) geändert worden ist.

BRD. 2017. *Verordnung über Deponien und Langzeitlager: (Deponieverordnung - DepV)* vom 27. April 2009 (BGBl. I S. 900), die zuletzt durch Artikel 2 der Verordnung vom 27. September 2017 (BGBl. I S. 3465) geändert worden. (Vollzitat nach Bundesamt für Justiz)

Briese, Dirk. 2019. Markt für Kunststoffrecycling in Deutschland bis 2025. In *Recycling und Rohstoffe*, Hrsg. Stephanie Thiel, Olaf Holm, Elisabeth Thomé-Kozmiensky, Daniel Goldmann, und Bernd Friedrich. Neuruppin: Thomé-Kozmiensky Verlag GmbH.

Briese, Dirk, Björn Duill, und Hilmar Westholm. 2012. Der Markt für MVA-Schlacken. In *Recycling und Rohstoffe*, Hrsg. Karl J. Thomé-Kozmiensky und Daniel Goldmann, 811–817. Neuruppin: TK Verlag Karl Thomé-Kozmiensky.

Brooks, Amy L., Shunli Wang, und Jenna R. Jambeck. 2018. The Chinese import ban and its impact on global plastic waste trade. *Science Advances* 4 (6): eaat0131. https://doi. org/10.1126/sciadv.aat0131.

Browne, Mark A., Tamara S. Galloway, und Richard C. Thompson. 2010. Spatial patterns of plastic debris along Estuarine shorelines. *Environmental Science and Technology* 44 (9): 3404–3409. https://doi.org/10.1021/es903784e.

Butler, Richard W. 1980. The concept of a tourist area cycle of evolution: Implications for management of resources. *The Canadian Geographer/Le Géographe canadien* 24 (1): 5–12. https://doi.org/10.1111/j.1541-0064.1980.tb00970.x.

Carpenter, Edward, und K.L. Smith Jr. 1972. Plastics on the sargasso sea surface. *Science* 175:1240–1241.

Chen, Qiqing, Julia Reisser, Serena Cunsolo, Christiaan Kwadijk, Michiel Kotterman, Maira Proietti, Boyan Slat, Francesco F. Ferrari, Anna Schwarz, Aurore Levivier,

Daqiang Yin, Henner Hollert, und Albert A. Koelmans. 2017. Pollutants in plastics within the north pacific subtropical gyre. *Environmental Science & Technology* 52 (2): 446–456. https://doi.org/10.1021/acs.est.7b04682.

Chen, Xianchuan, Xiong Xiong, Xiaoming Jiang, Huahong Shi, und Wu Chenxi. 2019. Sinking of floating plastic debris caused by biofilm development in a freshwater lake. *Chemosphere* 222:856–864. https://doi.org/10.1016/j.chemosphere.2019.02.015.

Chiba, Sanae, Hideaki Saito, Ruth Fletcher, Takayuki Yogi, Makino Kayo, Shin Miyagi, Moritaka Ogido, und Katsunori Fujikura. 2018. Human footprint in the abyss: 30 year records of deep-sea plastic debris. *Marine Policy* 96:204–212. https://doi.org/10.1016/j.marpol.2018.03.022.

Chin, Li Wai, und Tse Hin Fung. 2018. Plastic in Marine Litter. In *Plastics and the environment*, Hrsg. R.E. Hester und R.M. Harrison, 21–59. Cambridge: Royal Society of Chemistry.

Cole, Matthew, Pennie Lindeque, Claudia Halsband, und Tamara Galloway. 2011. Microplastics as contaminants in the marine environment: A review. *Marine Pollution Bulletin* 12 (62): 2588–2597.

Colton, J.B., B.R. Burns, und F.D. Knapp. 1974. Plastic particles in surface waters of the northwestern atlantic. *Science* 185 (4150): 491–497. https://doi.org/10.1126/science.185.4150.491.

Consoli, Pierpaolo, Gianfranco Scotti, Teresa Romeo, Maria Cristina Fossi, Valentina Esposito, Michela D'Alessandro, Pietro Battaglia, Francois Galgani, Fabio Figurella, Hannah Pragnell-Raasch, und Franco Andaloro. 2020. Characterization of seafloor litter on Mediterranean shallow coastal waters: Evidence from Dive Against Debris®, a citizen science monitoring approach. *Marine Pollution Bulletin* 150:110763. https://doi.org/10.1016/j.marpolbul.2019.110763.

Convey, P., D. Barnes, und A. Morton. 2002. Debris accumulation on oceanic island shores of the Scotia Arc, Antarctica. *Polar Biology* 25 (8): 612–617.

Corcoran, Patricia L., Charles J. Moore, und Kelly Jazvac. 2014. An anthropogenic marker horizon in the future rock record. *GSA Today* 24:4–8. https://doi.org/10.1130/GSAT-G198A.1.

Corcoran, Patricia L., Todd Norris, Trevor Ceccanese, Mary Jane Walzak, Paul A. Helm, und Chris H. Marvin. 2015. Hidden plastics of Lake Ontario, Canada and their potential preservation in the sediment record. *Environmental pollution (Barking, Essex: 1987)* 204:17–25. https://doi.org/10.1016/j.envpol.2015.04.009.

Correns, Carl W. 1939. Die Sedimentgesteine. In *Die Entstehung der Gesteine*, Hrsg. Tom F. Barth, W. Carl, Carl W. Correns und Pentti Eskola, und Pentti Eskola, 116–262. Heidelberg: Springer Berlin Heidelberg.

Delay, Markus. 2015. *Nanopartikel in aquatischen Systemen: Eine kurze Einführung*. Wiesbaden: Springer Vieweg.

Derraik, José G.B. 2002. The pollution of the marine environment by plastic debris: A review. *Marine Pollution Bulletin* 44:842–852.

Destatis. 2018a. *Umwelt – Öffentliche Wasserversorgung und öffentliche Abwasserentsorgung – Öffentliche Abwasserbehandlung und -entsorgung –*. Fachserie 19 Reihe 2.1.2. Wiesbaden: Statistisches Bundesamt.

Destatis. 2018b. *Umwelt – Öffentliche Wasserversorgung und öffentliche Abwasserentsorgung – Strukturdaten zur Wasserwirtschaft –*. Fachserie 19 Reihe 2.1.3. Wiesbaden: Statistisches Bundesamt.

Dobler, Delphine, Thierry Huck, Christophe Maes, Nicolas Grima, Bruno Blanke, Elodie Martinez, und Fabrice Ardhuin. 2019. Large impact of stokes drift on the fate of surface floating debris in the South Indian Basin. *Marine Pollution Bulletin* 148:202–209. https://doi.org/10.1016/j.marpolbul.2019.07.057.

Driedger, Alexander G.J., Hans H. Dürr, Kristen Mitchell, und Philippe van Cappellen. 2015. Plastic debris in the Laurentian Great Lakes: A review. *Journal of Great Lakes Research* 41 (1): 9–19. https://doi.org/10.1016/j.jglr.2014.12.020.

Duis, Karen, und Anja Coors. 2016. Microplastics in the aquatic and terrestrial environment: Sources (with a specific focus on personal care products), fate and effects. *Environmental Science Europe* 28 (2): 1–25.

DWA. 1992. *DWA-A 128. Richtlinien für die Bemessung und Gestaltung von Regenentlastungsanlagen in Mischwasserkanälen.* Hennef: Deutsche Vereinigung für Wasserwirtschaft, Abwasser und Abfall e. V. (ISBN: 978-3-933693-16-7).

DWA. 2013. *DWA-A 166. Bauwerke der zentralen Regenwasserbehandlung und -rückhaltung - Konstruktive Gestaltung und Ausrüstung.* Hennef: Deutsche Vereinigung für Wasserwirtschaft, Abwasser und Abfall e. V. (ISBN: 978-3-942964-50-0).

Ebere, Enyoh Christian, Verla Andrew Wirnkor, Verla Evelyn Ngozi, und Ihenetu Stanley Chukwuemeka. 2019. Macrodebris and microplastics pollution in Nigeria: First report on abundance, distribution and composition. *Environmental Analysis Health and Toxicology* 34 (4): e2019012. https://doi.org/10.5620/eaht.e2019012.

EG. 1999. *Richtlinie 1999/31/Europäische Gemeinschaft des Rates vom 26. April 1999 über Abfalldeponien.* Brüssel: Rat der Europäischen Union. https://eur-lex.europa.eu/legal-content/DE/ALL/?uri=CELEX%3A31999L0031. Zugegriffen: 11. Mai 2020.

EG. 2008. *Richtlinie 2008/98/EG des europäischen Parlaments und des Rates vom 19. November 2008 über die Abfälle und zur Aufhebung bestimmter Richtlinien.* Brüssel: Rat der Europäischen Union. https://eur-lex.europa.eu/legal-content/DE/ALL/?uri=celex:32008L0098. Zugegriffen: 11. Mai 2020.

Ehlers, Sonja M., und Julius A. Ellrich. 2020. First record of 'plasticrusts' and 'pyroplastic' from the Mediterranean sea. *Marine Pollution Bulletin* 151:110845. https://doi.org/10.1016/j.marpolbul.2019.110845.

Eriksen, Marcus, Laurent C.M. Lebreton, Henry S. Carson, Martin Thiel, Charles J. Moore, Jose C. Borerro, Francois Galgani, Peter G. Ryan, und Julia Reisser. 2014. Plastic pollution in the world's oceans: More than 5 trillion plastic pieces weighing over 250,000 tons afloat at sea. *PloS one* 9 (12): e111913. https://doi.org/10.1371/journal.pone.0111913.

EU. 2019. Verordnungen, Richtlinien und sonstige Rechtsakte: EU-Recht. https://europa.eu/european-union/eu-law/legal-acts_de. Zugegriffen: 20. Januar 2020.

European Commission. 2013. *Guidance on monitoring of marine litter in european seas: A guidance document within the common implementation strategy for the marine strategy framework directive.* Luxembourg: Publications Office.

Europäische Kommission. 2018. *Vorschlag für eine Richtlinie des europäischen Parlaments und des Rates über die Verringerung der Auswirkungen bestimmter Kunststoffprodukte auf die Umwelt.* COM(2018) 340 final. Brüssel: Europäische Kommission. https://eur-lex.europa.eu/legal-content/DE/ALL/?uri=CELEX%3A52018PC0340. Zugegriffen: 11. Mai 2020.

Eurostat. o. J. Behandlung der Abfälle nach Abfallkategorie, Gefährlichkeit und Abfallbew irtschaftungsmaßnahmen: Deponierung Kunststoffabfälle. https://ec.europa.eu/eurostat/ de/web/waste/data/database. Zugegriffen: 25. Februar 2020.

Fath, Andreas. 2019. *Mikroplastik kompakt: Wissenswertes für alle*. Heidelberg: Springer Spektrum.

Faure, Florian, Colin Demars, Olivier Wieser, Manuel Kunz, und Luiz Felippe de Alencastro. 2015. Plastic pollution in Swiss surface waters: Nature and concentrations, interaction with pollutants. *Environmental Chemistry* 12 (5): 582. https://doi. org/10.1071/EN14218.

Fok, Lincoln, Irene Nga Yee Cheng, und Yau Yuen Yeung. 2019. Mismanaged plastic waste: Far side of the moon. In *Environmental sustainability and education for waste management*, Hrsg. Winnie Wing Mui So, Cheuk Fai Chow, und John Chin Kin Lee, 57–71. Singapore: Springer Singapore.

Fossi, Maria Cristina, Thomais Vlachogianni, Francois Galgani, Francesco Degli Innocenti, Giorgio Zampetti, und Gaetano Leone. 2019. Assessing and mitigating the harmful effects of plastic pollution: The collective multi-stakeholder driven Euro-Mediterranean response. *Ocean & Coastal Management* 184:105005. https://doi.org/10.1016/j. ocecoaman.2019.105005.

Fuhr, Lili, Rolf Buschmann, und Judith Freund. 2019. *Plastikatlas: Daten und Fakten über eine Welt voller Kunststoff*, 3. Aufl. Lahr: Heinrich Böll Foundation and BUND. (ISBN 978-3-86928-200-8).

Galgani, F., A. Souplet, und Y. Cadiou. 1996. Accumulation of debris on the deep sea floor off the French Mediterranean coast. *Marine Ecology Progress Series* 142:225–234. https://doi.org/10.3354/meps142225.

Galgani, F., J.P. Leaute, P. Moguedet, A. Souplet, Y. Verin, A. Carpentier, H. Goraguer, D. Latrouite, B. Andral, Y. Cadiou, J.C. Mahe, J.C. Poulard, und P. Nerisson. 2000. Litter on the sea floor along european coasts. *Marine Pollution Bulletin* 40 (6): 516–527. https://doi.org/10.1016/S0025-326X(99)00234-9.

Galgani, François, Georg Hanke, und Thomas Maes. 2015. Global distribution, composition and abundance of marine litter. In *Marine anthropogenic litter*, Hrsg. Melanie Bergmann, Lars Gutow, und Michael Klages, 29–56. Heidelberg: Springer.

Gasperi, Johnny, Rachid Dris, Tiffany Bonin, Vincent Rocher, und Bruno Tassin. 2014. Assessment of floating plastic debris in surface water along the Seine River. *Environmental Pollution* 195:163–166. https://doi.org/10.1016/j.envpol.2014.09.001.

Gestoso, Ignacio, Eva Cacabelos, Patrício Ramalhosa, und João Canning-Clode. 2019. Plasticrusts: A new potential threat in the Anthropocene's rocky shores. *The Science of the total environment* 687:413–415. https://doi.org/10.1016/j.scitotenv.2019.06.123.

Geyer, Roland, Jenna R. Jambeck, und Kara Lavender Law. 2017. Production, use, and fate of all plastics ever made. *Science Advances* 3 (7): e1700782. https://doi.org/10.1126/ sciadv.1700782.

Ghaffari, Sanaz, Alireza Riyahi Bakhtiari, Seyed Mahmoud Ghasempouri, und Ali Nasrolahi. 2019. The influence of human activity and morphological characteristics of beaches on plastic debris distribution along the Caspian Sea as a closed water body. *Environmental Science and Pollution Research International* 26 (25): 25712–25724. https://doi.org/10.1007/s11356-019-05790-y.

Glastra, Kathrin, und Reinhard Bültikofer. 2019. Die EU als Recyclingstrategin. In *Recycling und Rohstoffe*, Hrsg. Stephanie Thiel, Olaf Holm, Elisabeth Thomé-Kozmiensky, Daniel Goldmann, und Bernd Friedrich, 33–44. Neuruppin: Thomé-Kozmiensky Verlag GmbH.

Gregory, Murray. 1999. Plastics and south pacific island shores: Environmental implications. *Ocean & Coastal Management* 42:603–615.

Hahladakis, John N., Costas A. Velis, Roland Weber, Eleni Iacovidou, und Phil Purnell. 2018. An overview of chemical additives present in plastics: Migration, release, fate and environmental impact during their use, disposal and recycling. *Journal of hazardous materials* 344:179–199. https://doi.org/10.1016/j.jhazmat.2017.10.014.

Hartmann, Nanna B., Thorsten Hüffer, Richard C. Thompson, Martin Hassellöv, Anja Verschoor, Anders E. Daugaard, Sinja Rist, Therese Karlsson, Nicole Brennholt, Matthew Cole, Maria P. Herrling, Maren C. Hess, Natalia P. Ivleva, Amy L. Lusher, und Martin Wagner. 2019. Are we speaking the same language? Recommendations for a definition and categorization framework for plastic debris. *Environmental science & technology* 53 (3): 1039–1047. https://doi.org/10.1021/acs.est.8b05297.

He, Pinjing, Liyao Chen, Liming Shao, Hua Zhang, und Fan Lü. 2019. Municipal solid waste (MSW) landfill: A source of microplastics? -Evidence of microplastics in landfill leachate. *Water Research* 159:38–45. https://doi.org/10.1016/j.watres.2019.04.060.

Hengstmann, Elena, Dennis Gräwe, Matthias Tamminga, und Elke Kerstin Fischer. 2017. Marine litter abundance and distribution on beaches on the Isle of Rügen considering the influence of exposition, morphology and recreational activities. *Marine Pollution Bulletin* 115 (1–2): 297–306. https://doi.org/10.1016/j.marpolbul.2016.12.026.

Hopmann, Christian, und Walter Michaeli. 2017. *Einführung in die Kunststoffverarbeitung*, 8. Aufl. München: Hanser.

Lwanga, Huerta, Jorge Mendoza Esperanza, Victor Ku Vega, Jesus Quej, de Los Angeles Chi, Lucero Sanchez Del Cid, Cesar Chi, Griselda Escalona Segura, Henny Gertsen, Tamás Salánki, Martine van der Ploeg, Albert A. Koelmans, und Violette Geissen. 2017. Field evidence for transfer of plastic debris along a terrestrial food chain. *Scientific Reports* 7 (1): 14071. https://doi.org/10.1038/s41598-017-14588-2.

Isyrini, R., Y.A. La Nafie, M. Ukkas, R. Rachim, und M.R. Cordova. 2019. Marine macro debris from makassar strait beaches with three different designations. *IOP Conference Series: Earth and Environmental Science* 253:12039. https://doi.org/10.1088/1755-1315/253/1/012039.

Jambeck, Jenna R., Roland Geyer, Chris Wilcox, Theodore R. Siegler, Miriam Perryman, Anthony Andrady, Ramani Narayan, und Kara Lavender Law. 2015. Marine pollution plastic waste inputs from land into the ocean. *Science* 347 (6223): 768–771.

JAMSTEC. 2019. Japan Agency for Marine-Earth Science and Technology. http://www.godac.jamstec.go.jp/catalog/dsdebris/e/index.html. Zugegriffen: 16. Januar 2020.

Kalogerakis, Nicolas, G. Katerina Karkanorachaki, Calypso Kalogerakis, Elisavet I. Triantafyllidi, Alexandros D. Gotsis, Panagiotis Partsinevelos, und Fabio Fava. 2017. Microplastics generation onset of fragmentation of polyethylene films in marine environment mesocosms. *Frontiers in Marine Science* 4:84 (In *Plastic Pollution*, 2922: Frontiers Media SA).

Kawecki, Delphine, und Bernd Nowack. 2019. Polymer-Specific modeling of the environmental emissions of seven commodity plastics as macro- and microplastics. *Environmental Science and Technology* 53 (16): 9664–9676. https://doi.org/10.1021/acs.est.9b02900.

Kazour, Maria, Sarah Terki, Khalef Rabhi, Sharif Jemaa, Gaby Khalaf, und Rachid Amara. 2019. Sources of microplastics pollution in the marine environment: Importance of wastewater treatment plant and coastal landfill. *Marine Pollution Bulletin* 146:608–618. https://doi.org/10.1016/j.marpolbul.2019.06.066.

Kenyon, K.W., und E. Kridler. 1969. Laysan albatrosses swallow indigestible matter. *Auk* 86:339–343.

Kim, L.H., J. Kang, M. Kayhanian, K.I. Gil, M.K. Stenstrom, und K.D. Zoh. 2006. Characteristics of litter waste in highway storm runoff. *Water science and technology: A journal of the International Association on Water Pollution Research* 53 (2): 225–234. https://doi.org/10.2166/wst.2006.056.

Koelmans, Albert A., Ellen Besseling, und Edwin M. Foekema. 2014. Leaching of plastic additives to marine organisms. *Environmental pollution (Barking, Essex: 1987)* 187:49–54. https://doi.org/10.1016/j.envpol.2013.12.013.

Koelmans, Albert A., Merel Kooi, Kara Lavender Law, und Erik Van Sebille. 2017. All is not lost: Deriving a top-down mass budget of plastic at sea. *Environmental Research Letters* 12 (11): 114028. https://doi.org/10.1088/1748-9326/aa9500.

Koelmans, Alber A., Ellen Besseling, Edward Foekema, Merel Kooi, Svenja Mintenig, Bernadette C. Ossendorp, Paula E. Redondo-Hasselerharm, Anja Verschoor, Annemarie P. van Wezel, und Marten Scheffer. 2017. Risks of plastic debris: Unravelling fact, opinion, perception, and belief. *Environmental Science and Technology* 51:11513–11519.

Kooi, Merel, Egbert H. van Nes, Marten Scheffer, und Albert A. Koelmans. 2017. Ups and downs in the ocean: Effects of biofouling on vertical transport of microplastics. *Environmental science & technology* 51 (14): 7963–7971. https://doi.org/10.1021/acs.est.6b04702.

Kranert, Martin. 2017. *Einführung in die Kreislaufwirtschaft*. Wiesbaden: Springer Fachmedien Wiesbaden.

Kühn, Susanne, Elisa L.Bravo Rebolledo, und Jan A. van Franeker. 2015. Deleterious effects of litter on marine life. In *Marine Anthropogenic Litter*, Hrsg. Melanie Bergmann, Lars Gutow, und Michael Klages, 75–116. Heidelberg: Springer.

Kurmus, Halenur, und Abbas Mohajerani. 2020. The toxicity and valorization options of cigarette butts. *Waste management (New York, N.Y.)* 104:104–118. https://doi.org/10.1016/j.wasman.2020.01.011.

Lanorte, Antonio, Fortunato de Santis, Gabriele Nolè, Ileana Blanco, Rosa Viviana Loisi, Evelia Schettini, und Giuliano Vox. 2017. Agricultural plastic waste spatial estimation by Landsat 8 satellite images. *Computers and Electronics in Agriculture* 141:35–45. https://doi.org/10.1016/j.compag.2017.07.003.

Lebreton, Laurent, und Anthony Andrady. 2019. Future scenarios of global plastic waste generation and disposal. *Palgrave Communications* 5 (1): 2922. https://doi.org/10.1057/s41599-018-0212-7.

Lebreton, Laurent, Matthias Egger, und Boyan Slat. 2019. A global mass budget for positively buoyant macroplastic debris in the ocean. *Scientific Reports* 9 (1): 1985. https://doi.org/10.1038/s41598-019-49413-5.

Lebreton, Laurent C.M., Joost van der Zwet, Jan-Willem Damsteeg, Boyan Slat, Anthony Andrady, und Reisser Julia. 2017. River plastic emissions to the world's oceans. *Nature Communications* 8:15611.

Lebreton, Laurent C.M., B. Slat, F. Ferrari, B. Sainte-Rose, J. Atiken, R. Marthouse, S. Hajbane, S. Cunsolo, A. Schwarz, A. Levivier, K. Noble, P. Debaljak, H. Maral, R. Schoeneich-Argent, R. Brambini, und J. Reisser. 2018. Evidence that the great pacific garbage patch is rapidly accumulating plastic. *Scientific Reports* 8:1–15.

Lechner, Aaron, Hubert Keckeis, Franz Lumesberger-Loisl, Bernhard Zens, Reinhard Krusch, Michael Tritthart, Martin Glas, und Elisabeth Schludermann. 2014. Mikroplastik in Fließgewässern am Beispiel der Donau. In *Mikroplastik in der Umwelt*, Hrsg. Bayerisches Landesamt für Umwelt, 12. Bayerisches Landesamt für Umwelt: Augsburg.

Lindner, Christoph. 2019. Stoffstrombild Kunststoffe in Deutschland 2017. In *Recycling und Rohstoffe*, Hrsg. Stephanie Thiel, Olaf Holm, Elisabeth Thomé-Kozmiensky, Daniel Goldmann, und Bernd Friedrich, 179–189. Neuruppin: Thomé-Kozmiensky Verlag GmbH.

Liu, E.K., W.Q. He, und C.R. Yan. 2014. 'White revolution' to 'white pollution'— Agricultural plastic film mulch in China. *Environmental Research Letters* 9 (9): 91001. https://doi.org/10.1088/1748-9326/9/9/091001.

Maier, Ralph-Dieter, und Michael Schiller. 2016. *Handbuch Kunststoff-Additive*, 4. Aufl. München: Hanser.

Masó, Mercedes, Esther Garcés, Francesc Pagès, und Jordi Camp. 2003. Drifting plastic debris as a potential vector for dispersing Harmful Algal Bloom (HAB) species. *Scientia Marina* 67 (1): 107–111.

Mayoma, Bahati S., Innocent S. Mjumira, Aubrery Efudala, Kristian Syberg, und Farhan R. Khan. 2019. Collection of anthropogenic litter from the shores of Lake Malawi characterization of plastic debris and the implications of public involvement in the African Great Lakes. *Toxics* 7 (4): 64. https://doi.org/10.3390/toxics7040064.

Mellen, Dirk, und Tobias Becker. 2018. Kunststoffe. In *Praxishandbuch der Kreislauf- und Rohstoffwirtschaft*, Hrsg. Peter Kurth, Anno Oexle, und Martin Faulstich, 327–346. Wiesbaden: Springer Fachmedien Wiesbaden.

Menges, Georg, Walter Michaeli, Edmund Haberstroh, und Ernst Schmachtenberg. 2011. *Menges Werkstoffkunde Kunststoffe*, 6. Aufl. München: Hanser.

MEPC. 1989. *Resolution MEPC.36(28) Marine Environment Protection Committee Adoption of Amendments to the annex of the protocol of 1987 relating to the international convenction for the prevention of pollution from ships (Amendment to Annex V of MARPOL 73/78).*

Meyer, Thomas. 2017. *Ökologie Mitteleuropäischer Flussauen*. Berlin: Spektrum Akademischer Verlag.

Millet, Hervé, Patricia Vangheluwe, Christian Block, Arjen Sevenster, Leonor Garcia, und Romanos Antonopoulos. 2018. The Nature of Plastics and Their Societal Usage. In *Plastics and the Environment*, Hrsg. R.E. Hester und R.M. Harrison, 1–20. Cambridge: Royal Society of Chemistry.

Moore, C.J., S.L. Moore, M.K. Leecaster, und S.B. Weisberg. 2001. A comparison of plastic and plankton in the north pacific central gyre. *Marine Pollution Bulletin* 42 (12): 1297–1300.

Morris, Robert J. 1980. Floating plastic debris in the mediterranean. *Marine Pollution Bulletin* 11:125.

Nakashima, Etsuko, Atsuhiko Isobe, Shin'ichiro Kako, Takaaki Itai, und Shin Takahashi. 2012. Quantification of toxic metals derived from macroplastic litter on Ookushi

Beach, Japan. *Environmental science & technology* 46 (18): 10099–10105. https://doi. org/10.1021/es301362g.

Novotny, Thomas E., und Elli Slaughter. 2014. Tobacco product waste: An environmental approach to reduce tobacco consumption. *Current environmental health reports* 1:208– 216. https://doi.org/10.1007/s40572-014-0016-x.

OECD. 2004. *Working Group on Waste Prevention and Recycling Working Group on Environmental Information and Outlooks Towards waste prevention performance indicators: PART 1: Pressure Indicators and Drivers for Waste Generation PART 2: Response Indicators PART 3: Indicators Based on Material Flow Accounts: ENV/ EPOC/WGWPR/SE(2004)1/FINAL.*

Patterson Edward, J.K., G. Mathews, K. Diraviya Raj, R.L. Laju, M. Selva Bharath, P. Dinesh Kumar, A. Arasamuthu, und Gabriel Grimsditch. 2020. Marine debris - An emerging threat to the reef areas of Gulf of Mannar, India. *Marine Pollution Bulletin* 151:110793. https://doi.org/10.1016/j.marpolbul.2019.110793.

Peng, X., S. Dasgupta, G. Zhong, M. Du, H. Xu, M. Chen, S. Chen, K. Ta, und J. Li. 2019. Large debris dumps in the northern South China Sea. *Marine Pollution Bulletin* 142:164–168. https://doi.org/10.1016/j.marpolbul.2019.03.041.

Pham, Christopher K., Eva Ramirez-Llodra, Claudia H.S. Alt, Teresa Amaro, Melanie Bergmann, Miquel Canals, Joan B. Company, Jaime Davies, Gerard Duineveld, François Galgani, Kerry L. Howell, Veerle A.I. Huvenne, Eduardo Isidro, Daniel O.B. Jones, Galderic Lastras, Telmo Morato, José Nuno Gomes-Pereira, Autun Purser, Heather Stewart, Inês Tojeira, Xavier Tubau, David van Rooij, und Paul A. Tyler. 2014. Marine litter distribution and density in European seas, from the shelves to deep basins. *PloS one* 9 (4): e95839. https://doi.org/10.1371/journal.pone.0095839.

Piehl, Sarah, Anna Leibner, Martin G.J. Löder, Rachid Dris, Christina Bogner, und Christian Laforsch. 2018. Identification and quantification of macro- and microplastics on an agricultural farmland. *Scientific Reports* 8 (1): 17950. https://doi.org/10.1038/ s41598-018-36172-y.

Pieper, Catharina, Linda Amaral-Zettler, Kara Lavender Law, Clara Magalhães Loureiro, und Ana Martins. 2019. Application of matrix scoring techniques to evaluate marine debris sources in the remote islands of the azores archipelago. *Environmental pollution (Barking, Essex: 1987)* 249:666–675. https://doi.org/10.1016/j.envpol.2019.03.084.

PlasticsEurope, Hrsg. 2018. *Plastics - the Facts 2018: An analysis of European plastics production, demand and waste data.* Frankfurt am Main: PlasticsEurope.

Probst, Thomas U., und Thomas W. Fischer. 2019. Kunststoffrecycling lohnt sich doch - Eine Replik auf KuRVE. In *Recycling und Rohstoffe*, Hrsg. Stephanie Thiel, Olaf Holm, Elisabeth Thomé-Kozmiensky, Daniel Goldmann, und Bernd Friedrich, 260–266. Neuruppin: Thomé-Kozmiensky Verlag GmbH.

Qi, Yueling, Xiaomei Yang, Amalia Mejia Pelaez, Esperanza Huerta Lwanga, Nicolas Beriot, Henny Gertsen, Paolina Garbeva, und Violette Geissen. 2018. Macro- and micro- plastics in soil-plant system: Effects of plastic mulch film residues on wheat (Triticum aestivum) growth. *The Science of the total environment* 645:1048–1056. https://doi.org/10.1016/j.scitotenv.2018.07.229.

Rios, Lorena M., Charles Moore, und Patrick R. Jones. 2007. Persistent organic pollutants carried by synthetic polymers in the ocean environment. *Marine Pollution Bulletin* 54:1230–1237.

Rios, Lorena M., Patrick R. Jones, Charles Moore, und Urja V. Narayan. 2010. Quantitation of persistent organic pollutants adsorbed on plastic debris from the Northern Pacific Gyre's "eastern garbage patch". *Journal of environmental monitoring: JEM* 12 (12): 2226–2236. https://doi.org/10.1039/c0em00239a.

Rockström, Johan, Will Steffen, Kevin Noone, F. Asa Persson, Stuart Chapin, Eric F. Lambin, Timothy M. Lenton, Marten Scheffer, Carl Folke, Hans Joachim Schellnhuber, Björn Nykvist, Cynthia A. de Wit, Terry Hughes, Sander van der Leeuw, Henning Rodhe, Sverker Sörlin, Peter K. Snyder, Robert Costanza, Uno Svedin, Malin Falkenmark, Louise Karlberg, Robert W. Corell, Victoria J. Fabry, James Hansen, Brian Walker, Diana Liverman, Katherine Richardson, Paul Crutzen, und Jonathan A. Foley. 2009. Planetary boundaries: Exploring the safe operating space for humanity. *Ecology and Society* 14 (2): 32.

Ryan, Peter G., Ben J. Dilley, Robert A. Ronconi, und Maëlle Connan. 2019. Rapid increase in Asian bottles in the South Atlantic Ocean indicates major debris inputs from ships. *Proceedings of the National Academy of Sciences* 238:201909816. https://doi.org/10.1073/pnas.1909816116.

Saechtling, Hansjürgen, Hrsg. 2013. *Saechtling Kunststoff Taschenbuch*. München: Hanser, Carl.

Scalenghe, Riccardo. 2018. Resource or waste? A perspective of plastics degradation in soil with a focus on end-of-life options. *Heliyon* 4 (12): e00941. https://doi.org/10.1016/j.heliyon.2018.e00941.

Scarascia-Mugnozza, Giacomo, Carmela Sica, und Giovanni Russo. 2011. Plastic materials in european agriculture: Actual use and perspectives. *Journal of Agricultural Engineering* 42 (3): 15. https://doi.org/10.4081/jae.2011.3.15.

Slaughter, Elli, Richard M. Gersberg, Kayo Watanabe, John Rudolph, Chris Stransky, und Thomas E. Novotny. 2011. Toxicity of cigarette butts, and their chemical components, to marine and freshwater fish. *Tobacco control* 20 (Suppl 1): i25–9. https://doi.org/10.1136/tc.2010.040170.

Song, Young Kyoung, Sang Hee Hong, Mi Jang, Gi Myung Han, Seung Won Jung, und Won Joon Shim. 2017. Combined effects of UV exposure duration and mechanical abrasion on microplastic fragmentation by polymer type. *Environmental Science and Technology* 51 (8): 4368–4376. https://doi.org/10.1021/acs.est.6b06155.

Stapf, Dieter, Helmut Seifert, und Manuela Wexler. 2019. Thermische Verfahren zur rohstofflichen Verwertung kunststoffhaltiger Abfälle. In *Energie aus Abfall*, Hrsg. Stephanie Thiel, Elisabeth Thomé-Kozmiensky, Peter Quicker, und Alexander Gosten, 358–374. Neuruppin: Thomé-Kozmiensky Verlag GmbH.

Steinmetz, Zacharias, Claudia Wollmann, Miriam Schaefer, Christian Buchmann, Jan David, Josephine Tröger, Katherine Muñoz, Oliver Frör, und Gabriele Ellen Schaumann. 2016. Plastic mulching in agriculture. Trading short-term agronomic benefits for long-term soil degradation? *The Science of the total environment* 550:690–705. https://doi.org/10.1016/j.scitotenv.2016.01.153.

Suaria, Giuseppe, und Stefano Aliani. 2014. Floating debris in the Mediterranean Sea. *Marine Pollution Bulletin* 86 (1–2): 494–504. https://doi.org/10.1016/j.marpolbul.2014.06.025.

Suleiman, Marcel, Carola Schröder, Michael Kuhn, Andrea Simon, Alina Stahl, Heike Frerichs, und Garabed Antranikian. 2019. Microbial biofilm formation and degradation of octocrylene, a UV absorber found in sunscreen. *Communications Biology* 2 (1): 193. https://doi.org/10.1038/s42003-019-0679-9.

Thomka, L.M. 1971. Plastic packages and the environment. *Journal of Milk and Food Technology* 34 (10): 485–491. https://doi.org/10.4315/0022-2747-34.10.485.

Thompson, Richard C., Ylva Olsen, Richard P. Mitchell, Anthony Davis, Steven J. Rowland, Anthony W.G. John, Daniel McGonigle, und Andrea E. Russell. 2004. Lost at sea: Where is all the plastic? *Science* 304 (5672): 838.

Thompson, Richard C., Shanna H. Swan, Charles J. Moore, und Frederick S. Vom Saal. 2009. Our plastic age. *Philosophical transactions of the Royal Society of London. Series B, Biological sciences* 364 (1526): 1973–1976. https://doi.org/10.1098/rstb.2009.0054.

UBA. 2018. Kunststoffabfälle. https://www.umweltbundesamt.de/daten/ressourcen-abfall/verwertung-entsorgung-ausgewaehlter-abfallarten/kunststoffabfaelle#kunststoffe-produktion-verwendung-und-verwertung. Zugegriffen: 21. Februar 2020.

van Calcar, C.J., und T.H.M. van Emmerik. 2019. Abundance of plastic debris across European and Asian rivers. *Environmental Research Letters* 14 (12): 124051. https://doi.org/10.1088/1748-9326/ab5468.

van Emmerik, Tim, Thuy-Chung Kieu-Le, Michelle Loozen, Kees van Oeveren, Emilie Strady, Xuan-Thanh Bui, Matthias Egger, Johnny Gasperi, Laurent Lebreton, Phuoc-Dan Nguyen, Anna Schwarz, Boyan Slat, und Bruno Tassin. 2018. A methodology to characterize riverine macroplastic emission into the ocean. *Frontiers in Marine Science* 5:3404. https://doi.org/10.3389/fmars.2018.00372.

van Emmerik, Tim, Emilie Strady, Thuy-Chung Kieu-Le, Luan Nguyen, und Nicolas Gratiot. 2019. Seasonality of riverine macroplastic transport. *Scientific Reports* 9 (1): 13549. https://doi.org/10.1038/s41598-019-50096-1.

Erik, Van Sebille, Matthew H. England, und Gary Froyland. 2012. Origin, dynamics and evolution of ocean garbage patches from observed surface drifters. *Environmental Research Letter* 7 (4): 44040. https://doi.org/10.1088/1748-9326/7/4/044040.

Villarrubia-Gómez, Patricia, Sarah E. Cornell, und Joan Fabres. 2018. Marine plastic pollution as a planetary boundary threat – The drifting piece in the sustainability puzzle. *Marine Policy* 96:213–220. https://doi.org/10.1016/j.marpol.2017.11.035.

Vriend, Paul, Caroline van Calcar, Merel Kooi, Harm Landman, Remco Pikaar, und Tim van Emmerik. 2020. Rapid assessment of floating macroplastic transport in the Rhine. *Frontiers in Marine Science* 7:EGU2019. https://doi.org/10.3389/fmars.2020.00010.

Waldschläger, Kryss. 2019. *Mikroplastik in der aquatischen Umwelt: Quellen, Senken und Transportpfade*. Wiesbaden: Springer Vieweg.

Woodall, Lucy C., Anna Sanchez-Vidal, Miquel Canals, Gordon L.J. Paterson, Rachel Coppock, Victoria Sleight, Antonio Calafat, Alex D. Rogers, Bhavani E. Narayanaswamy, und Richard C. Thompson. 2014. The deep sea is a major sink for microplastic debris. *Royal Society open science* 1 (4): 140317.

Wunsch, Andreas P. 2019. Separationstechnologie für schwarze Kunststoffe. In *Recycling und Rohstoffe*, Hrsg. Stephanie Thiel, Olaf Holm, Elisabeth Thomé-Kozmiensky, Daniel Goldmann, und Bernd Friedrich, 268–276. Neuruppin: Thomé-Kozmiensky Verlag GmbH.

Wyrtki, Klaus. 1960. The Antarctic Circumpolar Current and the Antarctic Polar Front: Der antarktische Zirkumpolarstrom und die antarktische Polarfront. *Deutsche Hydrografische Zeitschrift* 13:153–174.

Yoshida, Shosuke, Kazumi Hiraga, Toshihiko Takehana, Ikuo Taniguchi, Hironao Yamaji, Yasuhito Maeda, Kiyotsuna Toyohara, Kenji Miyamoto, Yoshiharu Kimura, und Kohei

Oda. 2016. A bacterium that degrades and assimilates poly(ethylene terephthalate). *Science* 351 (6278): 1196–1199. https://doi.org/10.1126/science.aad6359.

Zalasiewicz, Jan, Colin N. Waters, A. Juliana, Ivar do Sul, Patricia L. Corcoran, Anthony D. Barnosky, Alejandro Cearreta, Matt Edgeworth, Agnieszka Gałuszka, Catherine Jeandel, Reinhold Leinfelder, J.R. McNeill, Will Steffen, Colin Summerhayes, Michael Wagreich, Mark Williams, Alexander P. Wolfe, und Yasmin Yonan. 2016. The geological cycle of plastics and their use as a stratigraphic indicator of the Anthropocene. *Anthropocene* 13:4–17. https://doi.org/10.1016/j.ancene.2016.01.002.

Zettler, Erik R., Tracy J. Mincer, und Linda A. Amaral-Zettler. 2013. Life in the "plastisphere": Microbial communities on plastic marine debris. *Environmental Science and Technology* 47 (13): 7137–7146. https://doi.org/10.1021/es401288x.

Zylstra, E.R. 2013. Accumulation of wind-dispersed trash in desert environments. *Journal of Arid Environments* 89:13–15. https://doi.org/10.1016/j.jaridenv.2012.10.004.

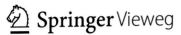

}essentials{

Kryss Waldschläger

Mikroplastik in der aquatischen Umwelt

Quellen, Senken und Transportpfade

Printed in the United States
By Bookmasters